图 2-1-12　MakerBot Replicator2 3D 打印机外观

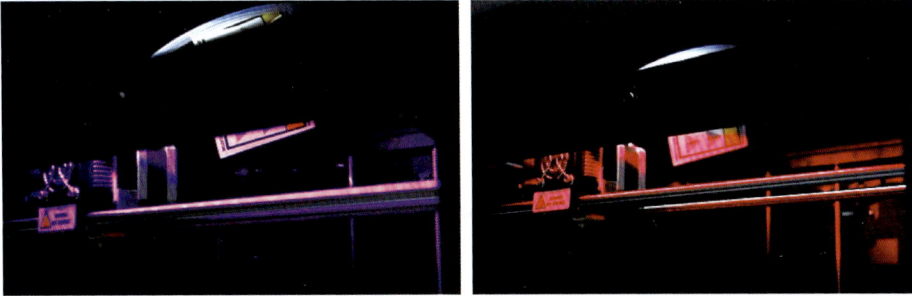

图 2-1-49　MakerBot Replicator2 预热时 LED 灯颜色变化（紫色-红色）

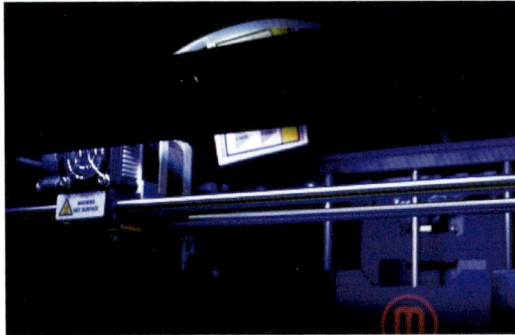

图 2-1-50　MakerBot Replicator2 预热时 LED 灯颜色变化（蓝色）

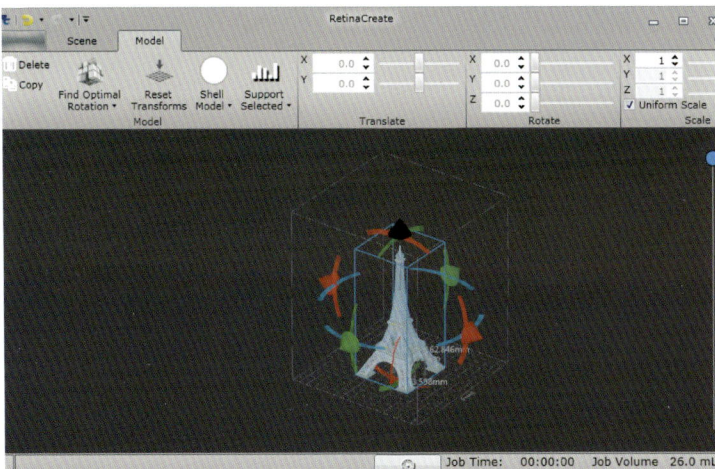

图 2-3-41　模型移动和旋转

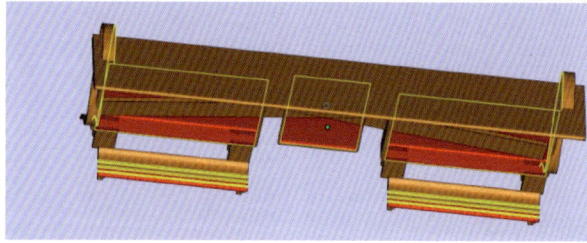

图 2-4-31　模型导入

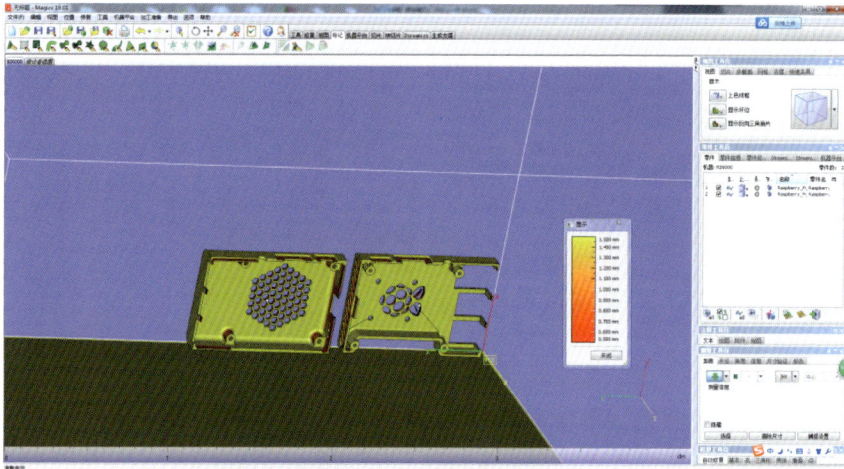

图 2-4-65　模型颜色变化

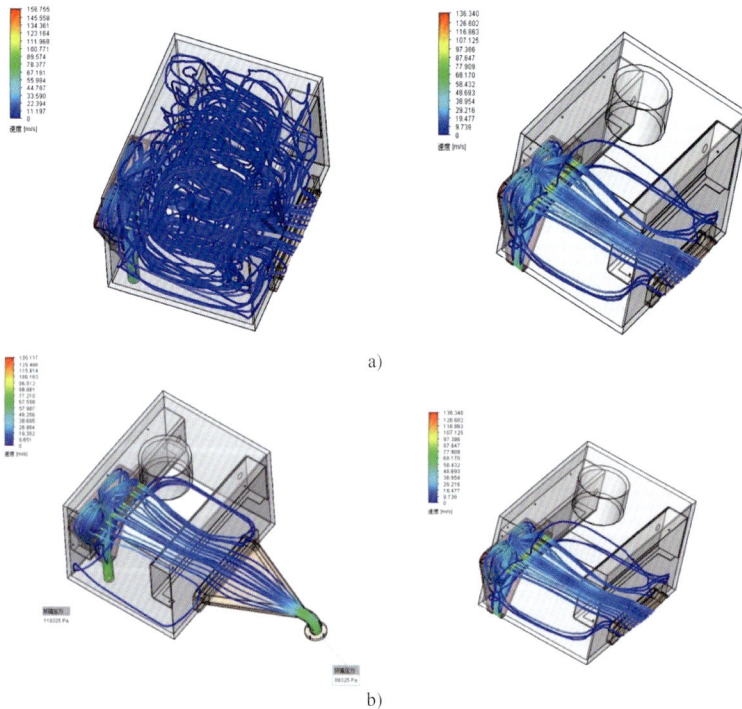

a)

b)

图 2-5-4　选区激光熔化（SLM）成型设备气流控制示意图

产品创新设计与数字化制造技术技能人才培训系列教材

3D 打印技术

人力资源和社会保障部教育培训中心
机械工业教育发展中心　　组编

主　编　牛小铁　杨晓雪
副主编　马　瑞　栾　宇
参　编　郭　勇　李兆坤　王继群
　　　　马一东　王鸿雁
主　审　李　斌　孙　波

机械工业出版社

本书以作者团队多年教学和产品研发经验为基础，以真实 3D 打印工程项目和真实工作过程为载体，参考教育部全国职业院校技能大赛（高职组）和教师技能大赛相关赛项标准进行编写，是 3D 打印技术领域多年校企合作的实践经验总结。

　　本书由浅入深地系统性讲解了 3D 打印技术，共设置两个模块，模块一对 3D 打印技术发展和原理进行整体介绍；模块二通过 5 个实际工程项目案例展示不同成型方式和不同技术要求的 3D 打印工程实践，涉及模型数据处理、模型修复、快速打印成型、后处理等。

　　本书采用项目式编写体例，图文并茂，可作为高职高专院校、中等职业学校、技工学校相关专业教学用书，也可作为 3D 打印技术工程师的岗位培训或自学用书。

图书在版编目（CIP）数据

3D 打印技术/牛小铁，杨晓雪主编. —北京：机械工业出版社，2022.10（2024.3 重印）
产品创新设计与数字化制造技术技能人才培训系列教材
ISBN 978-7-111-71831-4

Ⅰ.①3… Ⅱ.①牛…②杨… Ⅲ.①快速成型技术-技术培训-教材 Ⅳ.①TB4

中国版本图书馆 CIP 数据核字（2022）第 193944 号

机械工业出版社（北京市百万庄大街 22 号　邮政编码 100037）
策划编辑：王　丹　　　　　　责任编辑：王英杰
责任校对：肖　琳　王明欣　封面设计：鞠　杨
责任印制：郜　敏
中煤（北京）印务有限公司印刷
2024 年 3 月第 1 版第 2 次印刷
184mm×260mm·11.25 印张·1 插页·301 千字
标准书号：ISBN 978-7-111-71831-4
定价：39.80 元

电话服务　　　　　　　　　　网络服务
客服电话：010-88361066　　机　工　官　网：www.cmpbook.com
　　　　　010-88379833　　机　工　官　博：weibo.com/cmp1952
　　　　　010-68326294　　金　书　网：www.golden-book.com
封底无防伪标均为盗版　　机工教育服务网：www.cmpedu.com

序

产品创新设计与数字化制造技术技能人才培训，是在人力资源和社会保障部教育培训中心、机械工业教育发展中心和全国机械职业教育教学指导委员会的共同指导下开发的高端培训项目，是贯彻落实《国务院关于加快发展现代职业教育的决定》《现代职业教育体系建设规划（2014—2020年）》《高等职业教育创新发展行动计划（2015—2018年）》《机械工业"十三五"发展纲要》和《技工教育"十三五"规划》有关精神，加快培养《中国制造2025》和"大众创业、万众创新"所需的创新型技术技能人才的重要举措，也是应对中国制造向"服务型制造"转型升级所需人才培训的一种尝试。

"产品创新设计与数字化制造"高端培训项目综合运用多种专业软件，进行产品数字化设计，建立产品数字信息模型；根据加工要求，协同运用增材制造和减材制造，完成产品的零部件加工并进行精度检测；按照装配工艺，完成零部件的协同装配和调试，并进行产品的功能验证与客户体验。从技术角度看，"产品创新设计与数字化制造"高端培训项目从"设计、加工"到"装调、验证"，从"传统单一的加工制造"到"数字化设计制造"，应用了多项数字化专业技术，涵盖了产品开发的全过程。从培训角度看，"产品创新设计与数字化制造"高端培训项目立足产业前沿技术，对接岗位需求，将企业多个传统工作岗位有机结合起来，改变了培训模式，实现了师生"DIY协同创课"和"工学一体"的结合，开发出了一个贯穿产品全生命周期的人才培训培养模式。

"产品创新设计与数字化制造"高端培训项目主要面向机械制造类企业和未来3D技术、数字信息技术衍生的新兴产业；针对正在从事或准备从事产品三维数字化设计，三维数据采集与处理，快速成型（3D打印），多轴数控机床编程、仿真与操作，精密检测和产品装配调试等工作岗位的技术人员及本科院校、高等职业院校、中等职业学校、技工学校的在校师生，专门开展岗位职业能力培训；旨在培养具备数字化创新设计、逆向工程技术、3D打印技术、多轴加工技术、精密检测技术和产品装配调试技术等综合技术能力的"创新型、复合型"技术技能人才。

"产品创新设计与数字化制造"高端培训项目按照"开发培训资源—开展师资培训—建立培训基地—组织创新大赛—培养创新人才"的建设路径，逐步推进培训项目的建设工作，目前已开发完成了"产品创新设计与数字化制造"培训技术标准、培训基地建设标准、培训方案、培训大纲和规划教材，开设了"产品数字化设计与3D打印""产品数字化设计与多轴加工"和"产品数字化设计与装配调试"三个高端培训模块，编写了《产品数字化设计》《逆向工程技术》《3D打印技术》《多轴加工技术》《精密检测技术》和《产品装配调试技术》6本培训配套教材，开设了全国高级师资培训班并颁发了配套培训证书。

培训资源的开发，得到了人力资源和社会保障部教育培训中心、机械工业教育发展中心和全国机械职业教育教学指导委员会的全程指导，得到了天津安卡尔精密机械科技有限公司、南京宝岩自动化有限公司、北京数码大方科技股份有限公司、北京新吉泰软件有限公司、北京三维博特科技有限公司、海克斯康测量技术（青岛）有限公司、北京达尔康集成系统有限公司、北京习和科技有限公司和珠海天威飞马打印耗材有限公司等企业的大力支持，以及北京航空航天大学、天津大学、北京工业职业技术学院、北京电子科技职业学院、南京工业职业技术学院、北京市工贸技师学院、广州市机电技师学院、北京金隅科技学校、安丘市职业中等专业学校、承德高新技术学院和机械工业出版社等单位的积极配合。本项目系列教材是院校专家团队和行业企业专家团队共同合作的成果，在此对编者和相关人员一并表示衷心的感谢。相信本项目系列教材的出版，必将为我国产品创新设计与数字化制造技术技能人才的培养做出贡献。

本项目系列教材适用于机械制造类企业和未来3D技术、数字信息技术衍生的新兴产业开展相关岗位专业技术人员培训，适用于本科院校、高等职业院校、中等职业学校和技工学校在校师生开展相关岗位职业能力培训，也适用于开设有机电类专业的各类学校开展相关专业学历教育的教学，并可供其他相关专业师生及工程技术人员参考。

编写委员会

前言

随着经济全球化和科技快速发展，制造业已逐步从传统的离散型制造向绿色、智能型先进制造业转变。3D打印技术作为一项新兴技术，近年来发展迅速并受到广泛重视。普遍认为，3D打印技术可与其他数字化生产模式结合，推动实现新的工业革命，3D打印产业的快速发展也使3D打印技术应用逐渐普及。

目前，3D打印设备样式繁多，而工业级设备比较贵重，详尽的3D打印项目化案例书籍和资料仍然不足，为满足学校教学和专业人才培养的实际需求，编者团队汇集高校教师和企业专家，总结领域内校企合作实践经验编写了本书。本书具有如下特色：

1. 结合基础原理和项目实施讲解，有助于系统构建3D打印技术知识和实践体系。

2. 精选真实3D打印工程项目，以各类型成型方式实施为载体，锻炼3D打印技术实践技能。

3. 内容设置由简入繁、易教易学、序化适当、步骤明晰，同时适用于零基础和有一定基础的读者学习、使用，通过反复学习和练习，可实现相关技能的显著提高。

本书模块一介绍3D打印技术基础知识和成型原理，模块二设置5个项目案例，包括聚焦熔融沉积成型（FDM）、数字光处理（DLP）、光固化快速成型（SLA）、选区激光熔化成型（SLM）等成型技术应用，对相关打印设备的机械结构和控制软件的工作原理进行详细说明，并系统展示3D打印过程中模型设计及数据处理、模型修复、模型打印、打印件后处理等各个环节的处理，极具代表性和操作性。

本书由北京工业职业技术学院牛小铁、杨晓雪担任主编并统稿，北京工业职业技术学院朱姗姗老师对书稿内容提出了大量宝贵意见。本书的编写还得到了人力资源和社会保障部教育培训中心、机械工业教育发展中心的支持和指导，在此一并表示衷心感谢！

由于编者水平和经验有限，书中错误和不妥之处在所难免，恳请广大读者批评指正，以便不断完善。

编　者

目录

模块一

3D打印技术的概述

第一章 3D打印技术的发展由来

一、快速成型技术

（一）快速成型技术简介

21世纪90年代中后期，美国产生了一项加工理念全新的先进制造技术，即快速成型技术，并且很快发展到日本、欧洲和中国。它集成了计算机辅助制造、计算机辅助设计、精密机械、新材料科学、计算机数字控制技术、激光技术等现代先进制造技术。

快速成型技术是基于对计算机辅助设计的三维立体模型，或采用逐点逐面扫描实体，来获取目标原型的几何结构、形状和材料等重要信息，然后叠加成型。再经过后处理阶段的打磨、清洗、抛光等工艺，使其在结构、外观和性能等方面均达到设计要求，从而能够达到自动、精确、快速地制造零件的一种现代化、全新化的制造技术。

传统的去除材料加工方式已不再是该技术的加工主线，其主要加工理念是基于逐层堆砌方式发展起来的，而此种增加材料的加工概念，也被认为是近几十年期间，制造技术领域的一次具有里程碑意义的突破与改革，其强大的优势和发展速度，很快引起了世界各国政府的高度重视并受到广大研究人员的关注。

（二）快速成型技术分类

快速成型（RP）技术经过不断的发展和推广，产生了一系列先进的成型方法。按照成型方式的不同特点，快速成型技术大体可以分为两种形式：一种是基于激光的成型技术，一种是基于喷射的成型方法。基于激光的成型技术，如：光固化立体光刻造型，又称为光固化快速成型工艺（Stereo Lithography Apparatus，SLA）、迭层实体制造工艺（Laminated Object Manufacturing，LOM）、选择性激光烧结制造技术（Selective Laser Sintering，SLS）等；基于喷射的成型方法，如：熔融沉积成型工艺（Fused Deposition Modeling，FDM）、三维立体印刷工艺（Three Dimension Printing，3DP）等。

二、3D打印技术的发展历史

3D打印（3D printing），即快速成型技术的一个分支，其实质是增材制造技术，被誉为是第三次工业革命的重要标志之一。近年来，国内外3D打印技术蓬勃发展，在航空航天、生物医学工程、工业制造等多个方面有着广泛的应用。

1984年，Charles Hull发明了将数字资源打印成三维立体模型的技术，1986年，Chuck Hull发明了立体光刻工艺，利用紫外线照射将树脂凝固成形，以此来制造物体，并获得了专利。随后他离开了原来工作的公司成立了一家名为3D Systems的公司，专注发展3D打印技术，1988年，3DSystems开始生产第一台3D打印机SLA-250，体型非常庞大。

1988年，Scott Crump发明了另外一种3D打印技术——熔融沉积成型（FDM）技术，利用蜡、ABS、PC、尼龙等热塑性材料来制作物体，随后也成立了一家名为Stratasys的公司。

1989年，C. R. Dechard博士发明了选区激光烧结技术（SLS），利用高强度激光将尼龙、蜡、ABS、金属和陶瓷等材料粉来烧结，直至成形。

1993 年，麻省理工学院教授 Emanual Sachs 创造了三维打印技术（3DP），将金属、陶瓷的粉末通过黏结剂粘在一起成形。1995 年，麻省理工学院的毕业生 Jim Bredt 和 Tim Anderson 修改了喷墨打印机方案，变为把约束溶剂挤压到粉末床，而不是把墨水挤压在纸张上的方案，随后创立了现代的三维打印企业 Z Corporation。

1996 年，3DSystems、Stratasys、Z Corporation 分别推出了型号为 Actua 2100、Genisys、2402 的三款 3D 打印机产品，第一次使用了"3D 打印机"的称谓。

2005 年，Z Croooration 推出了世界上第一台高精度彩色 3D 打印机——Speum 2510，同一年，英国巴恩大学的 Adrian Bowyer 发起了开源 3D 打印机项目 RepRap，目标是通过 3D 打印机本身，能够制造出另一台 3D 打印机。2008 年，第一个基于 RepRap 的 3D 打印机发布，代号为"Darwin"，它能够打印自身 50% 的元件。2010 年 11 月，第一台用巨型 3D 打印机打印出整个身躯的轿车出现，它的所有外部组件都由 3D 打印机制作完成，包括用 Dimension 3D 打印机和由 Stratasys 公司数字生产服务项目 RedEyeon Demand 提供的 Fortus3D 成型系统制作完成的玻璃面板。

2011 年 8 月，世界上第一架 3D 打印飞机由英国南安营敦大学的工程师创建完成。9 月，维也纳科技大学开发了更小、更轻、更便宜的 3D 打印机，这个超小 3D 打印机重只有 1.5kg，报价约 1200 欧元。2012 年 3 月，维也纳大学的研究人员宣布利用二光子平版印刷技术突破了 3D 打印的最小极限，展示了一辆长度不到 0.3mm 的赛车模型。

三、3D 打印技术的发展趋势

随着智能制造，控制技术，材料技术，信息技术等不断发展和提升，这些技术也被广泛地综合应用于制造工业，3D 打印技术也将会被推向一个更加广阔的发展平台。如今 3D 打印技术在人们的生活中也非常常见，发展趋势较好，人们已经使用该技术打印出了灯罩、身体器官、珠宝、根据球员脚型定制的足球靴、赛车零件、固态电池以及为个人定制的手机、小提琴等，有些人甚至使用该技术制造出了机械设备。比如，美国麻省理工学院（MIT）的博士生彼得·施密特就打印出了一个类似于祖父辈使用的钟表的物品。在进行了几次尝试之后，他最终用打印机打印出了塑料钟表，并可以正常地走动。

3D 打印设备在软件功能、后处理、设计软件与生产控制软件的无缝对接等方面还有许多问题需要优化。例如，成型过程中需要加支撑，成型过程中需要不同材料转换使用，加工后的粉末去除方面，都需要软件智能化和自动化程度进一步提高。同时，随着 3D 打印技术越来越普遍地运用到服装、设计、生活生产当中，只有用户在使用过程中觉得简易上手，技术门槛低，复杂程度低，才能使用户有更好的使用体验，才能更普遍地推广这一技术。而这一系列问题都直接影响到设备的普及和推广，设备智能化、便捷化是走向普及的保证。随着 3D 技术的成熟和应用，相信这些问题都能被解决，3D 打印技术也会使我们的生活变得更加美好。

四、常用 3D 打印技术

3D 打印技术按材料及成型方式不同，可以分为如下不同类型：

选层实体制造工艺（Laminated Object Manufacturing，LOM）：这是以涂有热熔黏合剂的纸张层叠、激光切割轮廓来成型的形式。

光固化快速成型工艺（Stereo Lithography Apparatus，SLA）：利用液体光敏树脂在紫外光照射下能快速固化为固体的方法来成型。

选择性激光烧结制造技术（Selective Laser Sintering，SLS）：激光选择性烧结成型的原料可以是塑料粉末、陶瓷粉末、金属粉末等。

熔融沉积成型工艺（Fused Deposition Modeling，FDM）：利用塑料丝熔融后逐层打印成型。

三维立体印刷工艺（Three Dimension Printing，3DP）：原料是粉末加树脂，可打印成彩色。

其中，应用最为广泛、技术最为成熟的要属前四种成型技术。而要想选择一种成型工艺来加工一种产品，需要考虑其成型精度、成型周期和成型成本等因素。四种典型的快速成型技术对比见表1-1-1。

表 1-1-1　四种典型的快速成型技术对比

RP 技术	成型精度	成型周期	材料价格	设备费用	材料利用率	表面质量	运行成本
SLA	好	短	较贵	高	约100%	优	较贵
LOM	一般	短	较低	高	约50%	较差	较低
SLS	一般	较短	较贵	一般	约100%	一般	较贵
FDM	较差	较长	较低	较低	约100%	较差	较低

第二章 不同成型方式的3D打印技术原理

第一节 FDM 熔融沉积成型技术

一、熔融沉积成型的工艺原理及特点

熔融沉积成型（Fused Deposition Modeling，FDM），又叫"熔丝沉积成型"，是最常见的3D打印工艺之一。FDM 主要采用丝状热熔性材料作为原材料，通过喷头加热至融化临界状态，呈半流体性质，被挤喷出来，沉积在制作面板上或者前一层已固化的材料上并开始固化，喷头按照预定的轨迹运动，通过材料逐层堆积形成最终的成品。

（一）熔融沉积成型的工艺原理

熔融沉积成型工艺采用的原料一般是热塑性材料，例如石蜡、ABS、PC、尼龙等，以丝状供料。材料在喷头内被加热熔化，喷头沿零件截面轮廓和填充轨迹运动，同时将熔化的材料喷挤出来，材料迅速固化，并与周围的材料固结为一体。每一个层片都是在上一层上堆积而成，上一层对当前层起到定位和支撑的作用。随着高度的增加，层片轮廓的面积和形状都会发生变化，当形状发生较大的变化，例如打印倾斜角度较大的结构或者悬空结构时，上层轮廓就不能给当前层提供充分的定位和支撑作用，这就需要设计一些辅助结构来给后续层提供定位和支撑。图 1-2-1 所示展示了 FDM 的成型工艺及打印过程中的支撑结构。

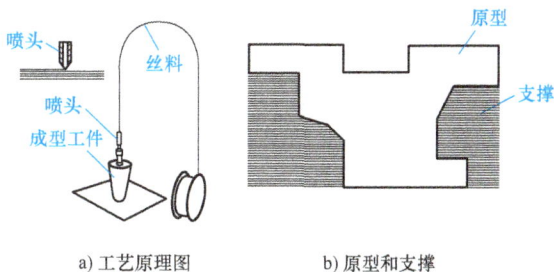

a) 工艺原理图　　b) 原型和支撑

图 1-2-1　FDM 的工艺原理

（二）熔融沉积成型的工艺特点

和其他主流的 3D 打印成型工艺，如选择性激光烧结以及立体光固化成型相比，熔融沉积成型工艺作为非激光成型制造工艺，具有以下优点：

1）成型材料广泛。FDM 工艺原材料基本上是聚合物，成型材料一般为 ABS、PLA（聚乳酸）、石蜡、尼龙等，图 1-2-2 所示是目前桌面 3D 打印机最常用的 3D 打印材料 PLA。金属材料也可以堆积成型，但目前成型的金属材料精度较低。另外，近些年开始有食品级的材料加入到 FDM 打印行列，如巧克力、糖果、淀粉等。甚至包括水泥等建筑材料的使用，让 3D 打印房屋成为可能。

2）成本低。相比于其他使用激光器的工艺方法，FDM 工艺的制作费用大大减低，并且所用的材料为无毒、无味的热塑性材料，废弃的材料还可以回收利用。原材料利用率高且无污染，使成本大大降低。近

图 1-2-2　PLA 线材

些年来，采用 FDM 技术的桌面 3D 打印机由于硬件成本低、软件开源、材料成本低等优点，已经逐渐普及开来。

3）熔融材料快速沉积，成型设备简单、尺寸小，噪声和污染少，可以实现 24h 无人值守工作。

4）支撑易去除。随着 FDM 工艺不断发展，在软件上，支撑的设置越来越智能化，打印出来的支撑材料越来越易于剥离；材料上，已经出现了可以方便去除的水溶性支撑材料。

5）维护成本低。熔融沉积成型工艺中没有激光器这样贵重、精密的部件，而且喷头系统构造简单，故易于维护。

6）成品功能性强。工程材料 ABS 的韧性好，适合进行二次加工，用石蜡材料成型的零件模型，可以直接用于熔模铸造。

7）原材料在成型过程中尺寸稳定性好，适于进行装配。

8）材料无毒性且不产生异味、粉尘、噪声等污染，适合于办公室环境使用。

9）操作简单，无须长期操作经验，也无须专人负责操作。

除以上优点外，熔融沉积成型工艺也存在以下缺点：

1）由于工作台尺寸及喷头速度的限制，FDM 工艺只能成型中小型件。不过近些年来，中大型的 FDM 打印机正不断在市场上涌现，速度也在不断地突破。图 1-2-3 所示是 Local Motors（美国洛克汽车公司）使用大型 FDM 打印机打印出的汽车。

2）由于 FDM 工艺是由喷头喷出的具有一定厚度的丝，逐层粘结堆积而成的，因此不可避免地会产生台阶（阶梯）效应，如图 1-2-4 和图 1-2-5 所示即表面有较明显的条纹，对于一些对表面质量要求比较高的模型，FDM 工艺难以满足要求，或者需要打磨等相对比较烦琐的后处理才能达到要求。

图 1-2-3　Local Motors 使用大型
FDM 打印机打印出的汽车

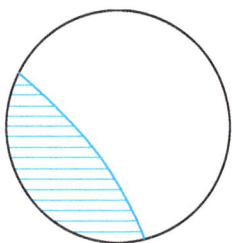

图 1-2-4　理想表面

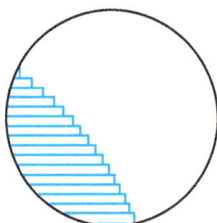

图 1-2-5　台阶效应

3）需要设计和制作支撑材料，打印支撑和处理支撑是 FDM 工艺绕不开的一个问题。支撑去除后，模型的表面处理，也是 FDM 工艺需要面对的一个问题。虽然水溶性支撑可以解决一部分问题，但是水溶性支撑材料较贵，而且打印水溶性支撑会造成打印时间增加，日常保存也相对复杂（容易吸水），且目前市面上的大多数打印机都是单喷头打印机，难以满足打印水溶性支撑的要求。

4）零件沿成型轴方向的强度比较弱，层与层之间的直接粘合力相对较弱。

二、熔融沉积成型的工艺过程

典型的 FDM 3D 打印过程包括三维造型、模型的转化、分层处理、实体造型、零件后处理，如图 1-2-6 所示。

1. 三维造型

依据模型的结构尺寸或者外观需求，需要使用三维设计软件对模型进行三维造型。三维造型是 3D 打印最重要的数据获取方式之一，另外一种获取 3D 数据的方式是 3D 扫描。常用的三维 CAD 软件有 Pro/Engineering Wildfire、UG NX 和 CATIA 等，常用的艺术方面的建模软件有 3D Max、Maya、Rhino、ZBrush 等，图 1-2-7 和图 1-2-8 所示分别是 CAD 模型及艺术模型。

2. 模型的转化

为了进行下一步的模型切片处理，需要将建模模型保存为 STL（Standard Triangle Language，标准三角面语言）格式的文件。市面上多数快速成型系统均使用标准的 STL 数据模型来定义成型的零件，它是一种用许多空间小三角面片来逼近三维实体表面的数据模型，常见的三维建模软件均具备此转化功能，如图 1-2-9 所示，一个正方体，可以通过多个三角面的组合构成；而任意的形状，都可以通过近似表达，由三角面片组成 3D 模型。三角面数的多少，决定了模型的分辨率。

图 1-2-6　FDM 3D 打印过程

图 1-2-7　CAD 软件创建的齿轮模型

图 1-2-8　艺术软件创建的犀牛模型

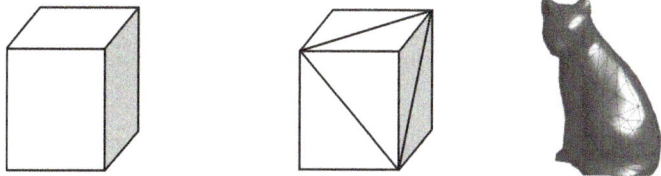
图 1-2-9　STL 模型原理

3. 分层处理

在熔融沉积成型加工前，需要对 STL 三维模型进行叠层方向的离散化处理，此称为分层处理，也称分层切片。分层切片就是用一系列平行于 XOY 坐标面的平面截取 STL 数据模型进而获取各层几何信息，每个层片包含的信息组合在一起，构成整个三维模型的数据信息，如图 1-2-10 所示。通过对三维模型进行分层处理，便可将三维加工问题转化为一系列的二维加工问题，使加工工艺简化。

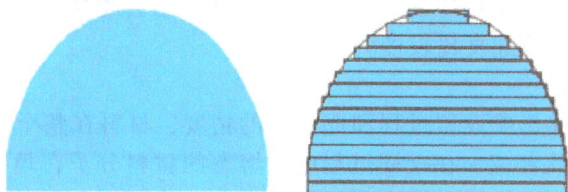
图 1-2-10　模型分层处理

2 PROJECT

4. 实体造型

零件的实体造型加工包括两个方面的内容：一是支撑的施加，二是零件实体的加工，如图 1-2-11 所示。

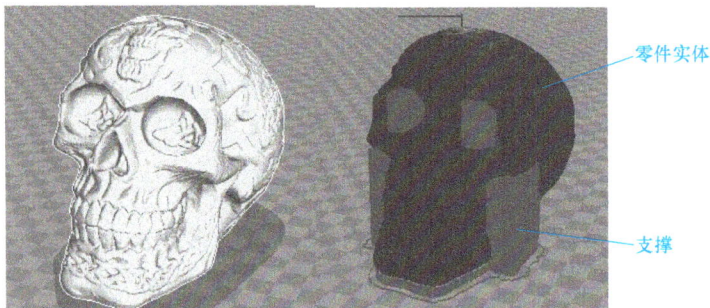

零件实体

支撑

图 1-2-11　模型及其支撑的施加

（1）支撑的施加　由于熔融沉积快速成型的技术特征，须对零件的三维模型设计支撑，否则，在 FDM 加工的过程中，当上面一层的截面尺寸比下面一层的截面尺寸大时，上面一层截面的多余材料将可能呈现悬空状态，从而使该层的材料发生坍塌，影响 FDM 产品的精度，严重的会使加工失败。现在绝大多数切片软件已经可以做到自动施加支撑，少数复杂的模型，也可通过手动添加支撑，以提高打印的成功率。

（2）零件实体的加工　支撑施加后就可以进行零件实体的加工，从底向上，按照切片得到的路径，在计算机软件的控制之下，逐层涂覆从而形成产品零件的三维实体。

5. 零件后处理

FDM 工艺的后处理指的是对加工完的零件进行的后期处理。常见的后处理工序包括：

1）去除支撑，即去掉零件的支撑结构的材料。

2）打磨、抛光，对其余零件表面做抛光处理，使零件精度、表面粗糙度达到指定的要求。

3）喷灰，对零件表面喷一层底色。

4）其他处理，如上色、钻孔、攻螺纹、包埋、拼接等。

三、熔融沉积成型的技术性能分析

（一）模型制作的影响因素

在熔融沉积成型工艺过程中，影响成型件精度的因素有很多，然而，实践证明，尽管各种因素对成型件精度和表面粗糙度都有或多或少的影响，但起主要作用的只有少数几个，下面阐述这几个主要因素单独或相互作用时对成型件精度的影响。

1. STL 文件存储的影响

由于 STL 模型只是对 CAD 模型的几何近似，在它与三维 CAD 数据模型进行转换时存在一定的误差，一般容易造成裂缝、空洞、悬面、重叠面和交叉面等错误。如前文所述，STL 文件本身是有分辨率的，参与模型构成的三角面越多，分辨率会越高，模型越精细，但带来的问题是数据量较大，数据处理速度比较慢。

2. 材料性能的影响

材料性能的变化直接影响成型过程和成型件的精度，材料在整个工艺过程中要经过"固体—熔体—固体"的两次相变。在凝固过程中，熔态的材料分子在填充方向上被拉长，在冷却过程中产生收缩，而取向作用会使堆积丝在填充方向的收缩率大于该方向垂直方向的收缩率，这个收缩会产生内应力，这个内应力容易导致制作件出现翘曲变形及脱层现象。

3. 喷头温度和成型室温度的影响

在熔融沉积成型工艺过程中，喷头温度决定了材料的黏结性能、堆积性能、丝材流量以及挤出丝宽度。温度太低，则材料黏度加大，挤丝速度变慢，这不仅加重了挤压系统的负担，极端情况下还会造成喷嘴堵塞，而且材料层间黏结强度降低还会引起层间剥离；温度太高，则材料偏于液态，挤丝速度变快，无法形成可精确控制的丝，制作时会出现前一层材料还未冷却，后一层就加压于其上，从而使前一层材料坍塌和破坏。

成型室的温度也会影响成型件的热应力大小。温度过高，虽然有助于减小热应力，但零件表面易起皱。温度太低，零件热应力增大，容易使零件翘曲；此外，导致挤出冷却速度过快，在前一层截面完全冷却凝固后才开始堆积下一层，这会使层间黏结不牢固，会有开裂现象。

4. 挤出和填充速度的影响

挤出速度是指喷头内熔融态的丝从喷嘴中挤出的速度，单位时间内挤出丝的体积与挤出速度成正比。在与填充速度合理匹配的范围内，随着挤出速度的增大，挤出丝截面宽度逐步增大，当挤出速度逐步增大时，挤出的丝就会黏附于喷嘴外圆锥面，就会导致喷嘴无法正常工作。

填充速度是指扫描截面轮廓的速度或填充网格的速度。填充速度比挤出速度快，则材料填充不足，会出现断丝现象；相反，填充速度比挤出速度慢，则会使熔丝堆积在喷头上，使成型材料分布不均匀，表面有疙瘩，影响成型件质量。

5. 分层厚度的影响

分层厚度是指在成型过程中每层切片截面具有的厚度，由此会造成模型成型后的表面出现台阶现象，直接影响模型的尺寸误差和表面粗糙度。对于 FDM 工艺而言，分层厚度的存在会不可避免地导致出现台阶现象。分层厚度越小，台阶高度越小，但分层处理和成型时间也会相应延长，从而降低加工效率。

6. 成型方向的影响

模型成型方向对模型的质量、材料的消耗和制作时间等方面都有很大的影响。如果一个模型摆放不当，造成它的斜面和外伸部分过多，就必然会出现过多的支撑结构，这样既浪费了成型时间和耗材，又会给后处理带来很大的麻烦，增加工作强度。

（二）提交模型精度的方法

由以上分析可知，在 FDM 工艺过程中，主要有 6 个影响模型精度的因素，下面讨论提高模型精度的方法。

1. STL 文件的处理

STL 文件的数据格式是采用小三角形面片的形式来逼近三维实体模型的外表面，因此小三角面数量越多，面片越小，成型精度越高，文件越大。要保证 STL 文件的分辨率不低于 FDM 设备所能达到的最高精度。

曲面 3D 模型（即常见的工程类 CAD 文件）转化为 STL 文件的一个重要参数是弦高，弦高是指三角形的轮廓边与曲面之间的径向距离，弦高的大小决定着小三角面的数量，也就直接影响成型件的表面质量。

2. 材料性能的处理

对于尺寸变形，可以在设计开始阶段通过在填充反向和堆积方向上的尺寸计算，来对 CAD 模型的尺寸进行预补偿。

3. 喷头温度和成型室温度的处理

喷头的温度对于不同的 FDM 工艺材料设置是不同的，由于材料属于厂商专供，所以设备在出厂时，它的喷头温度就设置好，当温度达到后，传感器发出指令，喷头的温度就稳定下来了。可以在软件中对成型室的温度进行微调。通常，制作比较大的模型时，会将成型室的温度设置高些，以减小模型的热应力，避免在成型过程中产生翘曲和开裂；制作比较小的模型时，可以将成型室的温度设置低些，以避免表面堆丝，提高模型的表面粗糙度。

4. 挤出速度、填充速度、喷丝宽度的处理

挤出速度、填充速度、喷丝宽度这几项一般都是在成型软件中设定好的，多为出厂设置，一般无法进行修改。但近年在一些开源软件内，这些设置也开放给用户，可以做一定的调整。

5. 分层厚度的处理

分层厚度越小，模型表面质量越好，但制作时间延长。所以分层的厚度应该根据制作模型的质量要求来确定，在满足模型质量的前提下，可以将分层厚度适当取大一些，制作好的模型表面可以通过一些后处理工序，如打磨、抛光来完成处理。

6. 模型摆放的处理

通常，模型在 X、Y 方向的尺寸精度比 Z 向更容易控制和保证，所以在选择模型摆放时应将精度要求高的外轮廓表面尽可能放置在 XY 平面内。另外，STL 模型摆放时应尽可能减少支撑的数量，这样有利于减少成型时间，节省材料，减轻后处理的工作量，提高模型的表面质量。对于一些没有强度、刚性等工程特性要求的模型，通过这种方法不但可以制作形态较为复杂的模型，还可以制作超过成型机最大成型尺寸的模型，从而打破成型机本身成型空间的限制。

第二节　SLA 光固化快速成型技术

一、光固化快速成型的工艺原理及特点

（一）光固化快速成型的工艺原理

美国 3D System 公司研发的 SLA（Stereo Lithography Apparatus）光固化快速成型技术是最早商业化且市场占有率最高的快速成型技术。光固化快速成型工艺，基于离散堆积制造原理，以液态光敏树脂为原料，这种液态光敏树脂在接收到一定波长和强度的紫外光照射后，能够迅速发生聚合反应，分子量急剧增加，材料由液态变成固态，其成型原理如图 1-2-12 所示。

首先，将液态光敏树脂材料充满储液槽，然后将托板搁置在树脂液面下的特定高度位置；接着，计算机会控制紫外光源按照物件切片的截面信息射入储液槽，光源扫描的液态树脂会吸收其他部位不能得到的能量，产生聚合反应，进而由液态迅速转变为固态，制件会形成特定的固化截面。但是储液槽中还有没被紫外光线照射的液体，由于能量不足没有产生反应，这样，当升降架下降一定的高度（这个高度取决于设定的固态截面的厚度），率先固化的材

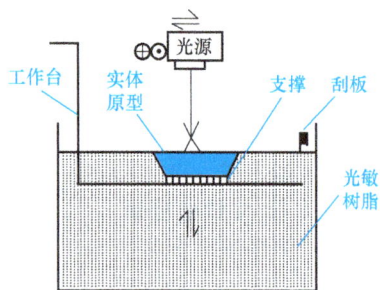

图 1-2-12　光固化快速成型工艺原理

料就会被液态状态下的树脂材料包围，之后刮板会将受紫外线影响的液态树脂刮平，这样周而复始进行新的固化处理，就会出现固态表面逐层堆积，打印结束后即可得到特定的设计原型。最后，还需要对树脂材料模型进行后期处理，包括去除支撑、酒精清洗、二次光固化、打磨上色等步骤，才能得到设计的最终的原型实体。

（二）光固化快速成型的工艺特点

光固化快速成型工艺具有以下优点：

1）可成型任意形状，而且能够一次成型。使用该工艺能制造出内部结构相当复杂的制件。

2）从降低人工成本的角度，通过计算机来设计所需的三维模型，这样可以减少对工人技术水平的要求，并且不需要人工监控，可以有效地降低成本。

3）由于是非接触加工，不需要任何刀具交换，因此成型制件的表面质量和精度都很高。

4）整个成型过程没有切削，不存在振动与噪声，可实现在办公室环境内生产。

5）成型加工周期短、成本低，传统工艺几个月的工作量，用此工艺几小时便可完成，大大提高了市场竞争力。

除上述优点外，光固化快速成型工艺也存在以下缺点：

1）产品在制造过程中可能会出现开裂现象，这主要是因为在加工制造过程中会出现物化反应。同时也需要注意的是，特殊悬臂零件需要特定的支撑，若想不影响制件的最终质量，需要制订相应的支撑工艺。

2）产品造价较高，这主要是因为存在较高的维护和运行成本，需要通过研究来实现对成本的有效控制。

3）成型材料种类单一，性能不佳。材料一般较脆、易断裂，固化后的性能还不如一般的工业塑料，因此不宜进行切削加工，也不宜做成受力和受热的制件。

4）需要进行二次固化。采用光固化快速成型加工的原型，得到的光敏树脂材料模型还需要继续二次固化，二次固化主要是对没有完全固化的树脂材料进行固化，否则后序的打磨过程中会留下砂纸纹，会使偏薄的地方变形，或者被酒精浸入后的模型表面起皮。

二、光固化快速成型的工艺过程

光固化快速成型过程主要包括：前期的三维建模、切片等准备，中期的光固化成型加工以及最后的后处理等阶段。

（一）前期数据准备阶段

在快速成型工艺中，数据处理是成型加工的第一步，它的主要作用是从三维模型中，获取快速成型机所需要的控制信息，也就是将模型进行分层处理，其数据的准确度直接反映成型制件的精度。该阶段主要由以下部分组成：

1. 三维实体造型

作为加工过程的数据依托，三维实体设计是重中之重，所以需要确认三维设计的正确性，只有确定设计是合理的，才可以进行加工制造。现今比较流行的三维设计软件主要有 Solid-works、AutoCAD 等。

2. 数据模型转换

CAD 系统转换数据模型就是对 CAD 系统的数据模型进行近似处理。由于现在大多数产品的构造都十分复杂，所以在成型前对其进行近似处理是十分必要的，而 STL 文件转换就是做近似处理方法时，最常用的一种转换格式。离散三角化处理的主要软件是 CAD，在经过其处理之后得到数据模型。使用许多小三角面来逼近 CAD 三维模型的自由表面，是 STL 文件数据处理的主线，而近似逼近的精度直接取决于小三角面数量的多少。也就是说精度越高，STL 文件呈现的模型越精确，用到的小三角面的数目就越大。所以，高精度的数字模型对成型制件的精度有重要影响，值得研究。

3. 分层切片处理

光固化快速成型工艺本身是基于分层制造原理进行成型加工的，这也是快速成型技术可以将 CAD 三维数据模型直接生产为原型实体的原因，所以，成型加工前，必须对三维模型进行分层切片。需要注意的是，在进行切片处理之前，要选用 STL 文件格式。另外，确定分层方向也是极其重要的，要使 STL 模型截面与分层定向的平行面达到垂直状态。对产品的精度

2

PROJECT

要求越高，所需要的平行面就越多。平行面的增多，会使分层的层数同时增多，这样得到的成型制件的精度也会随之增大。同时需要注意的是，尽管层数的增多，会提高制件的性能，但是产品的制作周期就会相应地增加，这样即会增加相应的成本，也会降低生产效率，增加废品的产出率。所以实践中要在试验的基础上，选择相对合理的分层层数，来达到最合理的工艺流程。

4. 设计支撑

在光固化快速成型加工过程中，对于悬臂或是孤立的轮廓等结构模型，常常会出现翘曲变形等现象。这是因为它们在初生于液态树脂上时，不受约束力，所以，模型切片时需要添加支撑。而在设计支撑时，要充分考虑支撑是否容易去除，如若支撑很难去除，则会对成型制件的表面质量造成影响。目前，常用的支撑类型主要有：点支撑、线支撑、网支撑和十字支撑等。

（二）光固化成型加工阶段

特定的成型机是进行光固化试验的基础设备。在成型前，需要先将成型机启动，并将光敏树脂加热到符合成型的温度，一般当温度达到38℃之后，就打开紫外激光器。待设备运行稳定后，打开工控机，输入特定的数据信息，这个信息主要是根据所需要的树脂模型的需求所设置的。

当进行最后的数据处理的时候，还需要用到RPData软件，通过RPData软件来制订光固化成型的工艺参数，需要设定的主要工艺参数有：填充距离与方式、扫描间距、填充扫描速度、边缘轮廓扫描速度、支撑扫描速度、层间等待时间、跳跨速度、刮板涂铺控制速度及光斑补偿参数等。根据试验的要求，选择特定的工艺参数之后，计算机控制系统会在特定的物化反应下，使光敏树脂材料有效固化。根据试验需求，固定工作台的角度与位置，使其处于材料液面以下特定的位置，然后根据零点位置调整扫描器，当一切按试验要求准备妥当后，就可以开始固化试验。

紫外光会按照系统指令，照射特定薄层，使被照射的光敏材料迅速固化。当紫外光固化一层树脂材料之后，升降台会下降，液态的光敏树脂材料就会流动到已固化层的表面，接着刮板会将液态树脂进行刮平处理，然后进行新的固化处理，重复上述过程。如此不断重复进行固化，根据计算机软件设定的参数达到要求的模型结构，最终获得实体原型。

（三）后处理阶段

光固化快速成型完成后，还需要对成型制件进行辅助处理工艺，即后期处理。目的是为了获得一个表面质量与机械性能更优的零件。此处理阶段主要步骤为：

1）将成型件取下，去除支撑。
2）用酒精清洗模型。
3）对固化不完全的制件进行二次固化。
4）固化完成后进行抛光、打磨和表面处理等工作。

第三节　DLP 数字光处理技术

DLP 是 "Digital Light Procession" 的缩写，即 "数字光处理"，也就是说这种技术是一种把光经过数字处理，然后再投射出来的过程。它是一套美国德州仪器公司独创的、采用光学半导体产生数字式多光源显示的解决方案。

DLP 技术的核心是 DMD（Digital Mirror Device，数字微镜器件）芯片。DMD 芯片最初的构想出现在 1977 年，由德州仪器公司的科学家 Larry Hornbeck 博士发明。那时，这一发明并不是要用于显示设备，而是准备作为印刷技术中的成像器。最早的 DMD 芯片使用的是模拟技术驱动，反射面采用一种柔性材料，在当时被称为"变形镜器件（Deformable Mirror Device）"。1987 年，Larry Hornbeck 博士又开发出了新一代数字驱动的 DMD 器件，并将名称改为"数字微镜器件"。

到了 1992 年，德州仪器成立了数字成像事业部。两年之后，第一台 DLP 投影原型机诞生。1996 年 4 月，第一台商用 DLP 投影机正式诞生。投影机用的 DMD 芯片发展到现在，从第一代的 848×600 的分辨率，400∶1 的对比度；到现在，一方面实现了最高的 1920×1080 的分辨率，1000∶1 的对比度，另一方面，提供了超小的支持烟盒大小的投影系统。DLP 技术在不断的革新中发展，市场也在不断地革新中扩展。

一、DLP 技术的工艺原理及特点

（一）DLP 技术的工艺原理

DLP 技术可以实现高清图像的投影显示，由于其特殊的显示原理，图像对比度很高，在显示暗背景时，几乎没有光从投影系统中射出，这一特点保证了将该技术应用在光固化成型中，光敏树脂不会在长时间的工作条件下，由于溢出光的持续照射而发生聚合反应，从而确保了 DLP 技术能够实现与掩模版相似的功能并应用于 3D 打印领域。

（二）DLP 技术的工艺特点

3D 打印机软件将虚拟 3D 模型转变为适合打印物体的连续层。DLP 型 3D 打印机解决方案通过处理连续材料层来生成 3D 实物，此实物由 3D 计算机辅助设计（CAD）模型指定。

这种技术通常用于快速创建精细原型，采用这种技术，材料各部分的打印工作可在单一流程中完成。3D 打印机的价格对于中小规模企业而言越来越合理，通过此技术获得的快速原型设计可直接带入办公室，不需要再进入制造车间。

3D 打印的两种常用方法分别是数字曝光和激光烧结。将 DLP 技术融入 3D 打印解决方案的高级原则，对于这两种方法均适用，但数字曝光是在系统方框图中表示，对于数字曝光技术，3D 物体的构造方法是逐层叠加紫外线（UV）来固化液态光敏树脂的连续薄型水平横截面或材料层。对于每一层，来自 DLP 数字微镜器件的紫外光图像将形成一种图形，使曝光到紫外光下的树脂层固化。

（三）DLP 技术的优势和不足

1. DLP 技术的优势

与扫描式技术 3D 打印机相比，DLP 型 3D 打印机具有以下独特的优势：

1）单层固化速度快。通过单层图像的投影曝光实现树脂的固化并完成打印，不需要扫描过程。单层打印时间与分层图像复杂程度无关，仅与树脂所需曝光时间有关，使得打印过程进一步简化。

2）打印精度高于一般技术。DMD 芯片微镜尺寸较小，集成度高，经过投影成像系统后，单个镜片光斑尺寸可以控制在 100μm 以下，实现高精度打印。

3）系统结构简单，稳定性好，对外界环境要求相对低。DLP 型 3D 打印机使用 DMD 芯片作为核心器件，系统内没有复杂运动机构，各部分相对独立，方便维护。光机系统在工作时处于静止状态，不会受到其他干扰，可以提供稳定的打印精度。

4）易于实现。3D 打印机内使用的 DLP 投影系统与用于显示的 DLP 投影系统在结构上是基本一致的，主要区别在于使用的光源不同。用于 3D 打印的 DLP 投影系统的光源多为紫外光，而普通显示系统多为白光 LED 或三色 LED。若选用固化峰值在可见光波段的光敏树脂，可以使用普通 DLP 投影系统作为 3D 打印系统的核心。而且普通 DLP 投影系统对蓝紫光的损耗相对较低，依然可以选择蓝紫光波长的光敏树脂材料，配合运动系统实现一台初级的 DLP 型打印机。

2

PROJECT

以 DLP 技术为基础的 3D 打印技术正处于快速发展阶段，目前，由于 DLP 型 3D 打印机的投影图像分辨率高，所以成型精度普遍高于传统激光扫描型打印机，而且单层固化时间短，制作时间短，在制作小尺寸精细工件时，具有强大优势。

2. DLP 技术的不足

1）由于 DMD 镜片的偏转误差会使光斑尺寸发生变化，随着放大倍数的增大，有效光斑尺寸在总光斑尺寸中比例逐渐减小，并最终会减小至 0，限制了光学系统放大倍数。又因为 DMD 芯片尺寸较小，DLP 型 3D 打印机无法形成较大的投影幅面，所以很难完成大幅面的打印成型工作。

2）DLP 型 3D 打印技术要求原材料为光敏树脂，材料种类较少而且性能难以取代现有工程塑料，在应用方面受限。而且光敏树脂类材料中只有一部分能用于 3D 打印，材料价格较为昂贵。

3）DLP 型 3D 打印机虽然对环境要求不高，但仍有一些基本的要求。首先，空气湿度必须在适宜范围内，因为暴露在潮湿空气中的树脂会吸收水分而被稀释，改变原材料中各成分的比例，导致成型失败。其次，要求周围环境中不存在紫外光源，一方面，外界环境中的紫外光会逐渐让树脂固化，造成材料浪费；另一方面，设备中的紫外光存在溢出的可能性，虽然较弱，但长时间照射仍会对人体产生伤害，若疏于防范也会危害人员健康。

二、DLP 3D 打印系统

基于 DLP 技术发展出的 3D 打印系统由以下几部分组成：DLP 投影系统、机械运动系统以及具有控制和运算能力的主控系统。零件的三维模型需要在主控系统上进行切片处理运算，将三维模型分割为一系列二维平面图像，之后控制 DLP 投影系统实现图像的投影，与此同时，控制机械运动系统完成逐层打印，如此往复最终实现实体零件的制作。DLP 投影技术中使用的 DMD 芯片是该类型 3D 打印的核心，在选择芯片型号时要根据打印尺寸、打印精度、打印速度以及光源波长来选择合适的芯片。图 1-2-13 和图 1-2-14 所示是两种 DLP 型 3D 打印系统的示意图。

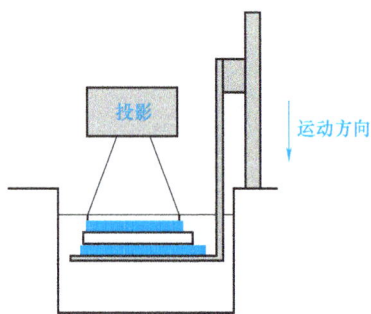

图 1-2-13 上曝光 DLP 型 3D 打印系统　　　　图 1-2-14 下曝光 DLP 型 3D 打印系统

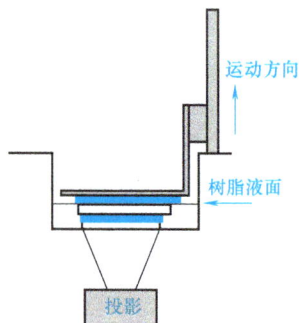

以图 1-2-13 中上曝光 DLP 型 3D 打印系统为例，介绍 DLP 型 3D 打印系统的工作流程：首先，液槽中盛满液态光敏树脂，主控系统会对模型进行分层计算，并根据精度需求生成对应的分层图像，之后将分层图像传递给 DLP 投影设备，投影设备会根据分层图像控制紫外光，把分层图像成像在光敏树脂液体的上表面，靠近液体表面的光敏树脂在受到紫外光照射后，会发生光聚合反应进行固化，形成对应分层图像的固化薄层。此时，单层成型工作完毕，接着，工作台向下移动一定距离，在固化好的树脂表面上补充未固化的液态树脂，而后控制工作台移动，使得下面补充的液态树脂厚度和分层精度保持一致，使用刮板将树脂液面刮平，然后即可进行下一层的成型工作，如此反复直到整个零件制造完成。

三、DLP 3D 打印和 SLA 3D 打印的区别

目前，光固化3D打印设备最主要的原理和方法就是 DLP 和 SLA，当然 CLIP（连续液面打印）技术也是基于上面两种方式发展出来的。

那么，DLP 和 SLA 这两款机器又有什么不同呢？打印较小的模型，DLP 更适合，DLP 适合打印锐度更高、细节小的模型。但是还是有很多人认为 SLA 精度比 DLP 高，DLP 只是看上去很美，DLP 光照不均匀容易导致模型变形不能打印满尺寸，或者成型四边效果差等。其实这些问题只存在于以前的 DLP 3D 打印，或者使用卤素光源的 DLP 3D 打印机。目前最新的 DLP 技术已经完全突破了这些难点，并且在打印速度和模型畸变控制方面，可以说完胜 SLA。

光固化技术最重要的就是紫外光，这也是技术难点。在打印模型时，我们一般也倾向于选择使用 DLP 投影机，因为 DLP 投影机的成像效果更好。投影原理一般是将光投射穿过高速转动的红蓝绿色轮盘，再射到 DLP 晶片反射成像。DLP 的核心技术是使用全数字 DDR（双倍速率）DMD 芯片。图 1-2-15 即为 DLP 3D 打印机设备图。

图 1-2-16 ~ 图 1-2-18 所示是 DLP 3D 打印机打印成果的细节图。

图 1-2-15　DLP 3D 打印机

图 1-2-16　耳机可以看到清晰的 Logo

图 1-2-17　CPU 可以看到清晰的针脚

图 1-2-18　戒指可以看清图案

2

PROJECT

15

从打印结果来看，DLP 技术的精度是完全可以媲美并且超越 SLA 技术的，DLP 3D 打印机在细节方面完全可以超越 SLA 3D 打印机。当然 SLA 成型技术还是具备一定的自身优势的，比如大体积的模型打印还是需要使用 SLA 3D 打印机，二者各有优缺点。

第四节　SLM 选区激光熔化

选区激光熔化（SLM）技术和选区激光烧结（SLS）技术是快速成型（RP）技术的重要组成部分。SLM 技术是近年来发展起来的快速制造技术，相对其他快速成型技术而言，SLM 技术更高效、更便捷，开发前景更广阔，它可以利用单一金属或混合金属粉末直接制造出具有冶金结合、致密性接近 100%、具有较高尺寸精度和较好表面质量的金属零件。SLM 技术综合运用了新材料、激光技术、计算机技术等前沿技术，受到国内外的高度重视，成为新时代极具发展潜力的高新技术。如果这一技术取得重大突破，将会带动制造业的跨越式发展。

一、选区激光熔化的基本原理

（一）SLM 的工艺原理与特点

SLM 成型技术的工艺原理与 SLS 类似。其主要的不同在于粉末的结合方式不同，不同于 SLS 通过低熔点金属或黏结剂的熔化把高熔点的金属粉末或非金属粉末黏结在一起的液相烧结方式，SLM 技术是将金属粉末完全熔化，因此其要求的激光功率密度要明显高于 SLS。为了保证金属粉末材料的快速熔化，SLM 技术需要高功率密度激光器，光斑聚焦到几十微米。SLM 技术目前都选用光束模式优良的光纤激光器，激光功率从 50W 到 400W，功率密度达 $5 \times 10^6 \mathrm{W/cm^2}$ 以上。图 1-2-19 所示为 SLM 技术成型过程获得三维金属零件效果图。

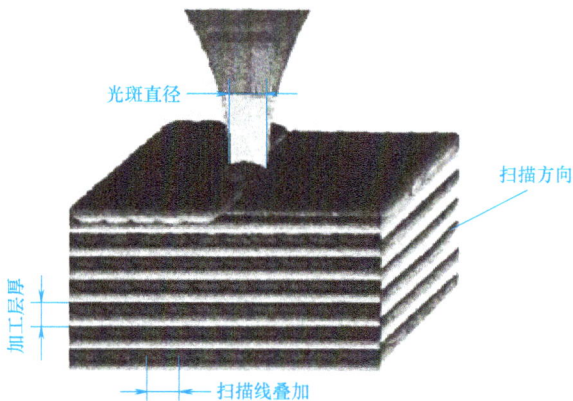

图 1-2-19　SLM 技术成型过程

SLM 的工艺原理示意图如图 1-2-20 所示。首先，通过专用的软件对零件的 CAD 三维模型进行切片分层，将模型离散成二维截面图形，并规划扫描路径，得到各截面的激光扫描信息。在扫描前，先通过刮板将送粉升降器中的粉末均匀地平铺到激光加工区，随后计算机将根据之前所得到的激光扫描信息，通过扫描振镜控制激光束选择性地熔化金属粉末，得到与当前二维截面图形一样的实体。然后，成型区的升降器下降一个层厚，重复上述过程，逐层堆积成与模型相同的三维实体。

SLM 的优势具有以下几个方面：

1）直接由三维设计模型驱动制成终端金属产品，省掉中间过渡环节，节约了开模、制模的时间。

2）激光聚焦后具有细小的光斑，容易获得高功率密度，可加工出具有较高尺寸精度（达 0.1mm）及良好表面质量（Ra 为 $30 \sim 50\mu m$）的金属零件。

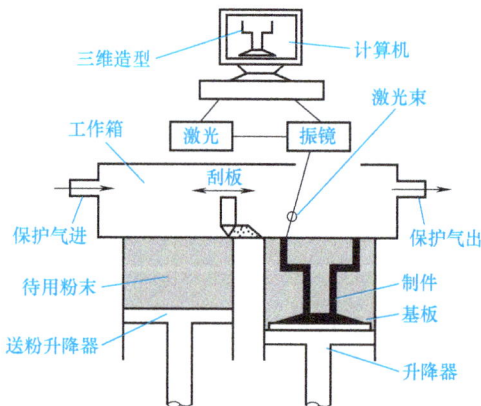

图 1-2-20　SLM 工艺原理示意图

3）成型零件具有冶金结合的组织特性，相对密度能达到近乎100%，力学性能可与铸锻件相比。

4）SLM适合成型各种复杂形状的工件，如内部有复杂内腔结构、医学领域具有个性化需求的零件，这些零件采用传统方法无法制造出。

（二）SLM成型高质量金属零件的关键点

由于成型材料为高熔点金属材料，易发生热变形，且成型过程伴随飞溅、球化现象，因此，SLM成型过程工艺控制较困难，需要解决的关键技术主要包括以下几个方面：

1. 材料

SLM技术应用中材料选择是关键。虽然理论上可将任何可焊接材料通过SLM技术进行熔化成型，但实际上其对粉末的成分、形态、粒度等要求严格。研究发现，合金材料（不锈钢、铁合金、镍合金等）比纯金属材料更容易成型，主要是因为材料中的合金元素增加了熔池的润湿性，或者抗氧化性，特别是成分中的含氧量对SLM成型过程影响很大；球形粉末比不规则粉末更容易成型，因为球形粉末流动性好，容易铺粉。

具备良好光束质量的激光光源。良好的光束质量意味着可获得细微聚焦光斑，细微的聚焦光斑对提高成型精度十分重要。由于采用细微的聚焦光斑，成型过程采用50~200W激光功率即可实现几乎所有金属材料的熔化成型，并且可有效减小扫描过程的热影响区，避免大的热变形；细微的聚焦光斑也是成型精细结构零件的前提。

精密铺粉装置。在SLM成型过程中，需保证当前层与上一层之间、同一层相邻熔道之间具有完全冶金结合。成型过程会发生飞溅、球化等缺陷，一些飞溅颗粒夹杂在熔池中，使成型件表面粗糙。而且飞溅颗粒一般较大，在铺粉过程中，飞溅颗粒直径大于铺粉层厚，将导致铺粉装置与成型表面碰撞。碰撞问题是SLM成型过程中经常遇到的不稳定因素。因此，不同于SLS技术，SLM技术需用到特殊设计的铺粉装置，如柔性铺粉系统、特殊结构刮板等。SLM工艺对铺粉质量的要求是：铺粉后粉床平整、紧实，且尽量薄。

2. 气体保护系统

由于金属材料在高温下极易与空气中的氧发生反应，氧化物对成型质量具有非常大的消极影响，使得材料润湿性大大下降，阻碍了层与层之间、熔道之间的冶金结合能力。SLM成型过程须在具有足够低含氧量的保护气中进行，根据成型材料的不同，保护气可以是氧气或成本较低的氮气。SLM成型过程涉及几个自由度轴或电机的协调运动，特别是铺粉装置采用传送带方式带动，导致保证成型室内密封性有一定的难度。

3. 合适的成型工艺

如上所述，SLM成型过程中经常会发生飞溅、球化、热变形等现象，这些现象会引起成型过程不稳定、成型组织不致密、成型精度难以保证等问题。合适的成型工艺对实现金属零件SLM直接快速成型十分重要，特别是激光功率与扫描速度的比值，决定了材料是否熔化充分。能量输入大小决定了粉末的成型状态，包括气化、过熔、熔化、烧结等，只有获得优化的能量输入条件，配合合理的扫描间距与扫描策略，才能获得高质量的SLM成型件。

（三）影响SLM成型质量的因素

国外研究工作者总结发现，影响SLM成型效果的因素达到130个之多，而其中有13个因素起决定性作用。根据经验，可将影响SLM成型质量的因素分为6大类，包括：材料（成分、松装密度、形状、粒度分布、流动性等），激光与光路系统（激光模式、波长、功率、光斑直径、光路稳定性等），扫描特征（扫描速度、扫描方法、层厚、扫描间距等），环境因素（含氧量、预热温度、湿度等），几何特性（支撑添加、几何特征、空间摆放等），机械因素（粉末铺展平整性、成型缸运动精度、铺粉装置的稳定性等）。考察SLM成型件的指标，主要包括致密度、尺寸精度、表面粗糙度、零件内部残余应力、强度与硬度6个指标，其他特殊应

2

PROJECT

用的零件需根据行业要求进行相关指标检测。图 1-2-21 所示列出了 SLM 成型过程的主要缺陷（球化、翘曲变形、裂纹）、微观组织特征和目前 SLM 技术所面临的最大挑战：成型效率、可重复性、可靠性（设备稳定性），这三个挑战也是其他快速直接制造方法所面临的最大挑战。

在上述影响 SLM 成型质量的因素中，有些不需要再进行深入研究，因为它们在所有的快速成型工艺中具有同样的影响，如扫描间距和铺粉装置的稳定性。然而，另外一些变量需要根据材料不同而做出调整，在没有相关研究经验存在的情况下，需要从试验中去推断这些影响因素对 SLM 成型金属零件质量的影响。本书根据前期的加工经验总结了试验过程中一些细节因素对成型质量的影响也非常大，具体包括如下几个方面：

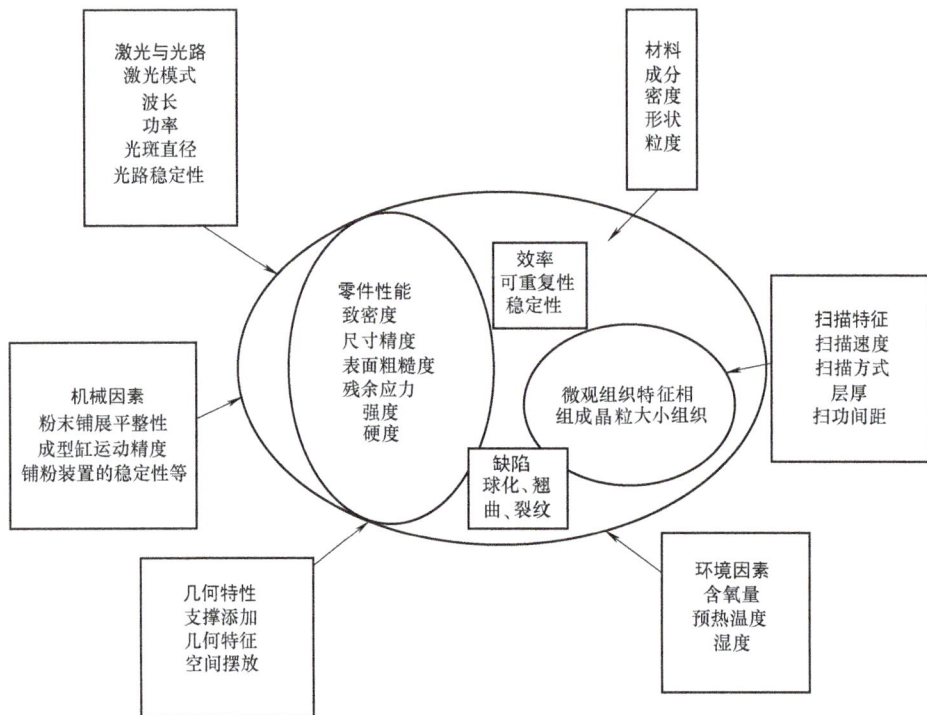

图 1-2-21　影响 SLM 成型质量的因素

1）铺粉装置的设计原理、铺粉速度、铺粉装置下沿与粉床上表面之间的距离、铺粉装置与基板的水平度。

2）粉末加工次数、粉末是否烘干及粉末氧化程度。

3）加工零件的尺寸（包括 X，Y，Z 三个方向）、立体摆放方式、最大横截面积、成型零件与铺粉装置中压板或柔性齿的接触长度。

在成型的过程中，这些细节因素如果控制不好，成型的零件质量降低，甚至在成型过程中需要停机，实验的稳定性、可重复性得不到保证。

二、选区激光熔化的发展展望

1. 网状拓扑结构轻量化设计制造

选区激光熔化成型技术的发展使得网状拓扑结构轻量化设计与制造成为现实，连接结构的复杂程度不再受制造工艺的束缚，可设计成满足强度、刚度要求的规则网状拓扑结构，以此实现结构减重。EADS（欧洲宇航防务集团）为空客 A380 飞机的门支架（Door Bracket）优化结构，采用网状拓扑优化后在保持原有强度的基础上实现 40% 减重。除此之外，采用选区激光熔化成型技术也可以实现海绵、骨头、珊瑚、蜂窝等仿生复杂网状强化拓扑结构的优化设计与制造，达到更显著的减重效果。图 1-2-22 所示为门支架（Door Bracket）的优化结构。

2. 三维点阵结构设计制造

与蜂窝夹层板这种典型的二维点阵结构相比，三维点阵结构可设计性更强，比刚度、比强度和吸能性能经过设计可以优于传统的二维蜂窝夹层结构，图 1-2-23 所示为三维点阵结构以及点阵夹层结构。受到制造手段的限制，传统制造方法难以实现三维点阵结构的高质量、高性能制造，而基于粉床铺粉的 SLM 技术较为适宜制造这类复杂的空间结构。制造不同材料、不同结构特征的空间点阵结构是目前 SLM 技术研究的热点之一。

图 1-2-22　门支架的优化结构

a) 三维点阵结构

b) 点阵夹层结构

图 1-2-23　3D 打印复杂结构

3. 陶瓷颗粒增强金属基复合材料结构一体化制造

陶瓷颗粒增强金属基复合材料具有良好的综合性能。目前，制备方法有很多种，如粉末冶金、铸造法、熔渗法和自蔓延高温合成法等。但是，由于陶瓷增强颗粒与金属基体之间晶体结构、物理性质以及金属/陶瓷界面浸润性差异的影响，采用常规方法容易导致成型过程中增强颗粒局部团聚或出现界面裂纹。

选区激光熔化制备过程中，温度梯度大，冷却凝固速度快，可使金属基体中颗粒增强项细化到纳米尺度且在金属基体内呈弥散分布，可以有效约束金属基体的热膨胀变形，克服界面裂纹。此外，选区激光熔化成型可以在材料制备的同时完成复杂结构的制造，实现"材料-结构"的一体化制造。

模块二

3D打印项目案例

项目一 玩具枪模型3D打印

任务1 了解 MakerBot Replicator2 3D 打印机

任务描述

MakerBot Replicator2 3D 打印机属于桌面级 FDM 打印机，本任务将结合其原理知识，详细介绍 MakerBot Replicator2 3D 打印机的工作原理、机械结构、控制系统以及适用材料等。

任务实施

一、FDM 桌面级打印机基本机型

1. RepRap 3D 打印机

RepRap（Replicating Rapid Prototyper）打印机是 2005 年由英国巴斯大学的机械工程高级讲师 Adrian Bowyer 博士创建的，它具有一定程度的自我复制能力，能够打印出大部分其自身的（塑料）组件。图 2-1-1 和图 2-1-2 所示为市面上最常见的两种 RepRap 机型。

图 2-1-1　RepRap Prusa Mendel i2

2. Delta 3D 打印机（俗称"三角洲"或者"并联臂"打印机）

RepRap 研究结果中最引人注目的是一个成功的 Delta 设计，目前主流的成熟的 Delta 机型有 Rostock、Rostock mini、Kossel。Rostock 打印机也在一些先驱者的带动下日趋成熟。如今常见的外形接近三角形柱体的 Delta 式 3D 打印机，俗称为"三角洲"打印机，图 2-1-3~图 2-1-5所示是一些常见的三角洲打印机设备图。

3. 框架型 3D 打印机

（1）Ultimaker　Ultimaker 是由三位来自荷兰的年轻设计者共同开发的，Ultimaker 的打印速度很快，可打印更大的尺寸，同时还是一个开源项目，图 2-1-6 即为 Ultimaker 机器设备图。

（2） MakerBot　MakerBot Replicator 是美国 MakerBot 公司于 2014 年 1 月在 CES（国际电子消费展）大会上发布的 MakerBot 第五代产品之一，如图 2-1-7 所示。MakerBot Replicator 的可打印体积比第四代大 11%，并加入了无线和以太网功能，融合了云计算技术，不仅支持移动 APP 应用程序，也能通过 APP 应用程序实现打印的远程监控。

图 2-1-2　RepRap Prusa Mendel i3

二、MakerBot Replicator2 3D 打印机介绍

美国 MakerBot 公司推出的 MakerBot Replicator2 是典型的 FDM 型 3D 打印机，也是目前世界上销量第一的 3D 打印机。同第一代 Replicator 相比，它的最大构建体积增大了近 37%，打印精度从上一代的 270μm 提升到了 100μm。更重要的意义在于，它使 3D 打印机从爱好者圈跳出，进入更广泛、主流的大众消费领域。

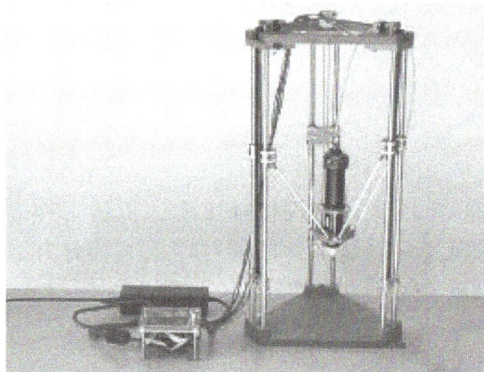

图 2-1-3　Rostock

图 2-1-4　Rostock mini

图 2-1-5　Kossel

MakerBot Replicator2 能够打印的物品大小为 28.5cm×15.3cm×15.5cm，与第一代相比，可打印物品尺寸更大。X 与 Y 轴定位精度为 11μm，Z 轴定位精度为 2.5μm，喷嘴直径为 0.4mm，最高打印分辨率为 100μm，中等分辨率为 270μm，低等分辨率为 340μm，推荐喷头移动速度为 40mm/s。所使用的材料为 1.75mm 的板材自玉米的聚乳酸（PLA）材质，这种材质与 ABS 材质相比在硬度和收缩性上有明显优势，在打印尺寸较大的物品时，能够避免边缘固化快造成的翘边现象。图 2-1-8 所示是 MakerBot Replicator2 个人桌面 3D 打印机，图 2-1-9 所示是 MakerBot Replicator2 使用 PLA 材料的示意图。

1 PROJECT

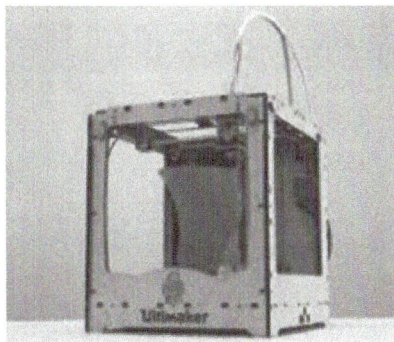

图 2-1-6　Ultimaker

图 2-1-7　MakerBot Replicator

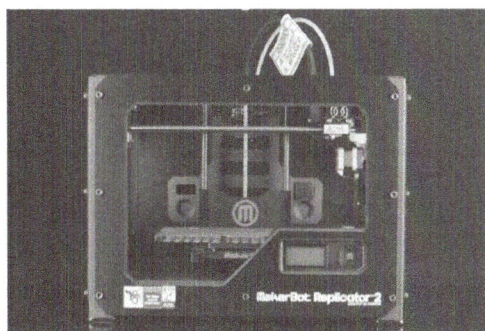

图 2-1-8　MakerBot Replicator2 个人桌面 3D 打印机

图 2-1-9　MakerBot Replicator2 使用 PLA 材料

另外，MakerBot Replicator2 支持脱机打印，用户只需要将 .stl 文件转化成 .x3g 文件并拷入 SD 卡中，然后将 SD 卡插入打印机即可实现打印。机身控制面板有 4 ∗ 20 液晶屏提示操作与设置（包括初始设置、灯光控制、温度查看、打印时长等），比较直观。图 2-1-10 展示的是 MakerBot Replicator2 机器的 LED 灯 。

在硬件方面，MakerBot Replicator2 通过两个 1/16 步进电机控制打印头的位置移动，底板的高度由机身底部的步进电机控制，底板采用了可以重复利用的有机玻璃底板，模型也很容易从底板上取下。图 2-1-11 展示的是 MakerBot Replicator2 打印过程。

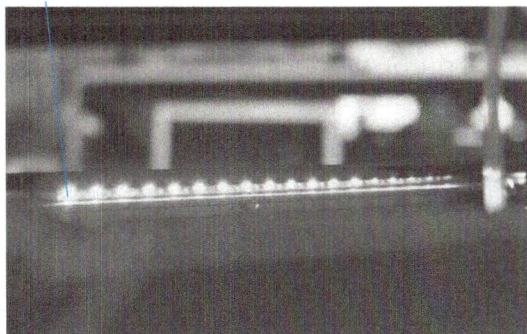

图 2-1-10　MakerBot Replicator2 LED 灯

图 2-1-11　MakerBot Replicator2 打印过程

MakerBot Replicator2 采用正方体结构，但是外壳却使用黑色的镂空 PVC 板，配以红色的"M"字样 LOGO，如图 2-1-12 所示。在蓝色 LED 灯的照射下，科技感十足。

1

PROJECT

图 2-1-12 MakerBot Replicator2 3D 打印机外观

在机身正面板的右下角，"MakerBot Replicator2"型号白色字样非常醒目，左下角是醒目的危险警示提醒标识，在型号上方是这款 3D 打印机的控制面板，采用 4 方向导航键位设计，左侧配以背光液晶显示屏，操纵简单易用。

MakerBot Replicator2 3D 打印机的主要特点：

1. 打印精度高

3D 打印机的打印效果主要由打印层的高度来决定，打印层高度越小，就意味着更高的分辨率和更好的打印质量。Replicator2 的打印层高度最小能控制在 $100\mu m$，这就意味着它可以打出表面光滑而无须后期打磨的模型，这样的打印能力充分保证了个人的创意和想法得以呈现。

2. 充足的创造空间

MakerBot Replicator2 桌面 3D 打印机最大可以打印体积为 $6700cm^3$ 的模型作品。和上一代的 Replicator 相比，MakerBot Replicator2 的可打印体积增加了近 37%，再加上打印速度的提高，可以通过它打印更大的设计作品，或是一次同时打印多个设计，极大地提升了工作效率。

3. 优化的 PLA 耗材

PLA 是 Replicator2 的最佳耗材，它经过 MakerBot 的精心改良，能极大提升打印时的精密度和稳定性。由于 PLA 耗材在打印时对温度的要求不高，所以 3D 打印产品在打印时常见的翘边和变形现象得到了根本控制。更重要的是，与传统 ABS 耗材相比，PLA 是一款真正意义上的环保型耗材，它不仅可以降低 32% 左右的设备耗电，同时还可循环再生，不污染环境。

4. 高度精密的钢制外壳

一台优秀的 3D 打印机只有同时具备耐用和坚固两大要素，才能提供一个稳定可靠的打印环境。Replicator2 采用了高度精密的钢制外壳来控制打印腔内的温度、湿度，并以此满足各种专业的需求。

三、MakerBot Replicator2 3D 打印机机械结构及原理介绍

（一）MakerBot Replicator2 工作原理以及各机械部件

MakerBot Replicator2 3D 打印机使用 PLA 材料，三维模型可以保存成 .stl 、.obj、.thing 格式，然后使用 MakerWare 软件，将保存的 .stl、.obj、.thing 格式文件模型转换为 MakerBot Replicator2 3D 打印机可以使用的代码，再通过 USB 接口或者 SD 卡传递给 3D 打印机，最后 MakerBot Replicator2 3D 打印机通过加热 PLA 细丝，并由喷头喷出，一层一层地堆积成型。

图 2-1-13 和图 2-1-14 两图刻画了 MakerBot Replicator2 的机械结构，分别为：传动定位系统、LCD 显示屏、键盘、z 轴螺杆、构建平板、构建平台、进料导管、挤出机电缆、挤出机、PLA 耗材、卷轴支架。

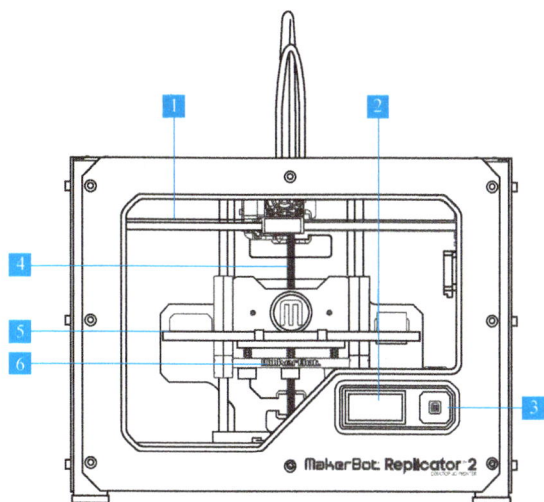

图 2-1-13　MakerBot Replicator2 机械结构示意图（一）

1—传动定位系统　2—LCD 显示屏　3—键盘
4—z 轴螺杆　5—构建平板　6—构建平台

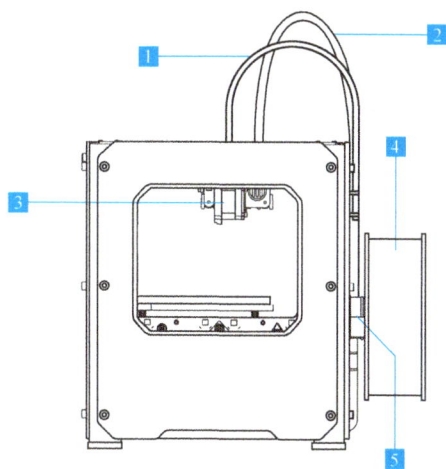

图 2-1-14　MakerBot Replicator2 机械结构示意图（二）

1—进料导管　2—挤出机电缆　3—挤出机
4—PLA 耗材　5—卷轴支架

（二）MakerBot Replicator2 机械结构

1. 框架

如图 2-1-15 所示，Replicator2 使用黑色面板钢架，有效地降低了机器运行时的振动和噪音。

2. *XY* 龙门

Replicator2 吸取了 Ultimaker 的经验，让挤出机在 *XY* 平面内移动，使得打印效率和成品率有效提升，如图 2-1-16 所示，这个组件结构更稳定，可以大大减少维护时间。

图 2-1-15　MakerBot Replicator2
3D 打印机

图 2-1-16　MakerBot Replicator2 3D 打印机 *XY* 龙门

3. 挤出机

挤出机是最关键的部分。Replicator2 和 Replicator1 在挤出机上使用了相同的组件，但是在喷嘴上略有变化。另外，Replicator2 加了第二台风扇鼓风机，可以更好地打印 PLA 耗材。

4. 平台

Replicator2 拥有一个比 Replicator1 大 37% 的丙烯酸平台，使用该平台，只能打印 PLA 耗材。此外，Replicator2 的平台上有一个弹簧加载的快速释放装置，使其更容易取出打印物品。还有三个基床整平，使其更快、更容易校准 z 轴高度的螺丝，及一个有助于实现这个过程的控制面板。

5. 打印喷头

MakerBot Replicator2 采用了铜质材料的打印喷头，最高精度为 $100\mu m$，能够精确还原 3D 模型。图 2-1-17 展示的是 MakerBot Replicator2 打印机喷头喷嘴。

6. 步进电机和金属丝杠

机身通过一根黑色的电线与打印喷头连接，打印喷头固定在金属丝杠上，可以左右滑动，通过两个步进电机来控制打印喷头在 x 轴与 y 轴方向的移动，如图 2-1-18 和图 2-1-19 所示。在机身内部，有与底板连接的三个垂直金属丝杠，中间的一根带有螺纹，这是控制底板高度位置的 z 轴，在打印中通过 z 轴上下移动来驱动打印喷头一层一层地进行打印。

喷头

图 2-1-17　MakerBot Replicator2 打印机喷头喷嘴（金属色锥形结构）

图 2-1-18　MakerBot Replicator2 步进电机

图 2-1-19　MakerBot Replicator2 金属丝杠

如图 2-1-20 和图 2-1-21 所示，MakerBot Replicator2 采用了透明亚克力材料的模型固定板，可以随意拆卸，底板无需加热，也可在底板上粘上固定模型的蓝色纸胶带，模型可以打印在纸胶带上，这样不仅很容易将模型取下，而且经过简单清洁就可以继续打印，非常方便。

底板

图 2-1-20　亚克力底板

蓝色纸胶带

图 2-1-21　亚克力底板粘上蓝色纸胶带

四、MakerBot Replicator2 3D 打印机控制系统介绍

（一）主流的 3D 打印机主控板

1. RAMPS

RepRap Arduino Mega Pololu Shield 简称 RAMPS，如图 2-1-22 所示。RAMPS 是一款零件更换非常方便、拥有强大的升级能力和扩展模块化设计的 Arduino 的扩展板。它的设计目的是在一个小尺寸电路板上，低成本集成 RepRap 所需的所有电路接口。RAMPS 能连接强大的 Arduino MEGA 平台，并拥有充足的扩展空间，除了步进电机驱动器接口外，RAMPS 还提供了大量其他应用电路的扩展接口。RAMPS 板的优点在于扩展能力强，缺点在于可靠性差、组装烦琐。

图 2-1-22 RAMPS 主控板

RAMPS 板的具体特点如下：

1）第五个步进电机输出端口可自定义作为 z 轴电机端口或第二个挤出机端口。

2）可扩展到控制其他配件。

3）3 场效应晶体管，3 个加热器/风扇输出端口，3 个热敏电阻电路。

4）加热床控制，额外的 11A 保险丝。

5）可配 5 个 Pololu 步进驱动器板。

6）Pololu 板脚头插座，可以方便更换或取出。

7）I2C 和 SPI 引脚可用于后续扩展。

8）所有 MOSFET 都连接到 PWM 引脚的多功能性。

9）加热器输出有对应的 LED 指示。

2. Ultimaker Electronics

图 2-1-23 所示是 Ultimaker Electronics 板，它是用于 Ultimaker 的主控板，与 RAMPS 采用同样的设计原理，同样是基于 Arduino 主控板的一种扩展板。

图 2-1-23 Ultimaker Electronics 主控板

3. Sanguinololu

Sanguinololu 的设计初衷是低成本一体化的 RepRap 控制板解决方案。在 RAMPS 的基础上，Sanguinololu 的一体化设计使得 3D 打印爱好者自行开发时，不需要再接其他板子，因此可靠性会比 RAMPS 提高很多，而插装器件的使用也使得其互换性更强。

Sanguinololu 板提供了一个友好的扩展端口，支持 I2C、SPI、UART，以及 ADC 引脚。四

PROJECT 1

个轴均采用 Pololu 引脚兼容的步进驱动程序，用户可以选择使用任何 7~30 的 ATX 电源板，图 2-1-24 所示为 Sanguinololu 板。Sanguinololu 板的优点在于易于组装、更换，集成度高于 RAMPS；缺点在于扩展性一般，功能比较少。

图 2-1-24　Sanguinololu 主控板

Sanguinololu 板的具体特点如下：

1）支持多个通信配置，2 个热敏电阻与电路的连接器，2 个 N-MOSFET 的挤出机/床。

2）可选择的部分 12V（或电源电压）/5V 的挡块电压。

3）边缘连接器，使直角连接。

4）13 个额外的引脚，可用于扩大和发展 6 个模拟量和 8 个数字量，具有以下功能：UART1（RX 和 TX）、I2C（SDA 和 SCL）、SPI（MOSI/MISO/SCK）、PWM 引脚（1）、模拟量 I/O（5）。

5）所有的通孔元件（FTDI 芯片除外），方便自主焊接。

4. Melzi

Melzi 是一个组装好的完整 RepRap 主控电路板，如图 2-1-25 所示，它是基于 Arduino Leonardo 的扩展板。此外，Melzi 配备了 Micro SD 卡，步进电机驱动电路全部焊接在电路板上。

图 2-1-25　Melzi 主控板

Melzi 采用的单片机芯片是 ATMEGA644P（ATMEGA1284P 也同样适用），跟 Sanguinololu 板上使用的是同一种芯片，是一个与 Sanguinololu 固件兼容的电路板，虽然没有额外的功能，但比 Sanguinololu 多了两样扩展：场效应管控制的风扇和一个可控的 LED。

Melzi 板的优点在于可靠性好，驱动能力强（其他板子碰到大功率的加热床，就只能外接继电器了，而 Melzi 板可以直接驱动）；缺点是扩展性一般，只支持单打印头。

5. Printrboard

Printrboard 板是由 Printrbot 团队设计的，如图 2-1-26 所示。Printrboard 板继承了原有的 RepRap 主控板的功能，同时消除了部分缺点。Printrboard 在 GEN6 的基础上添加了 Heatbed SD 存储卡、1/16 的微快板步进驱动器，同时改善了连接的可靠性、降低了成本（移除 FTDI UART 芯片）。Printrboard 板也有扩展接口，支持 I2C、SPI、UART、

图 2-1-26　Printrboard 主控板

ADC 引脚。

（二）MakerBot Replicator2 3D 打印机控制系统

Replicator2 打印机的"大脑"是升级后的新版 MarkerBot MightyBoard 主板，完全定制的 3D 打印机电子平台。

MarkerBot 的前两代 3D 打印机——CupCake 和 Thing-O-MATIC，使用的电子系统来自于广泛流行的 RepRap 开源 3D 打印项目。前两代电子系统虽然能够正常完成工作，但是每台打印机需要多安装 9 块单独的电路板，外加 ATX 主板电源的计算机接口。所以，MarkerBot 公司为 Replicator 打印机设计了一块 MightyBoard 主板，这一新的单主板平台，能够轻松控制整台设备，赋予了 Replicator2 更好的性能和可靠性。

MightyBoard 主板可驱动 5 个步进电动机，为两个挤出机供电，加热打印床，并读取 SD 卡，MightyBoard 主板如图 2-1-27 所示。它可以通过背光的 LCD 面板和类似电子游戏机的控制面板，读取这些数据信息。LCD 面板显示打印过程中的数据统计，并监测信息，在不使用计算机的情况下就能完全掌控 3D 打印机，并且可以使用 SD 卡插槽，直接从控制面板载入模型数据，进行打印。

同时，MightyBoard 主板还有以下强大功能：

1）Pizeo 蜂鸣器。
2）调试 LED 和额外的 I/O 引脚。
3）访问 I2C 和 UART。
4）安全控制硬件——挤出机。
5）额外 FET 开发。
6）兼容 Arduino。
7）电位器设定电机电流。

图 2-1-27　MightyBoard 主板

五、MakerBot Replicator2 3D 打印机打印材料介绍

1. 常见 3D 打印材料

在 3D 打印领域，3D 打印材料扮演着举足轻重的角色，成品的制作等同于 3D 打印材料的有序叠加。3D 打印材料之于 3D 打印机，如同血液对于人体的重要性，3D 打印材料能够促进或者制约 3D 打印技术的发展。促进指的是若 3D 打印材料的性能好、种类多，则对 3D 打印技术发展起良性作用；制约指的是若 3D 打印材料的性能差、种类有限，则成为 3D 打印技术发展的瓶颈。

目前，3D 打印材料的总类有 200 余种，然而对于 3D 打印技术发展而言，这些材料还远远不够。3D 打印材料根据 3D 打印成型技术的不同，种类也不尽相同。3D 打印线材是 3D 打印材料的一种，主要用于 FDM 机型也就是熔融沉积成型技术机型之中，由于是挤出成型，所以制作该机型材料需要将其制作成线状的耗材，这些线状的耗材被称为"线材"。

线材的种类有很多，PLA、ABS、木材、PC 等等，这些不同的线材在打印时呈现不同的性能，图 2-1-28 所示为一种 3D 打印线材。另外，不同机型对线材的兼容性也不尽相同，FDM 机型还可使用食材或者混凝土材料，这些材料比较特殊，但也是采用挤出的方式让材料成型。

2. 标准的 Replicator2 用打印材料

标准的 Replicator2 只能打印 PLA 材料，PLA 的优点主要有以下几方面：

1

PROJECT

1）PLA 是一种新型的生物降解材料，使用可再生的植物资源（如玉米）所提取的淀粉原料制成。淀粉原料经由糖化得到葡萄糖，再由葡萄糖及一定的菌种发酵制成高纯度的乳酸，最后通过化学合成方法合成一定分子量的聚乳酸。其具有良好的生物可降解性，使用后能被自然界中微生物完全降解，最终生成二氧化碳和水，不污染环境，这对保护环境非常有利，是公认的环境友好材料。

图 2-1-28　3D 打印线材

2）当焚化 PLA 时，其燃烧热值与焚化纸类相同，是焚化传统塑料（如聚乙烯）的一半，而且焚化 PLA 不会释放出氮化物、硫化物等有毒气体。

3）PLA 除了有生物可降解塑料的基本的特性外，还具备自己独特的特性。传统生物可降解塑料的强度、透明度及对气候变化的抵抗能力皆不如一般的塑料，PLA 在这些方面则表现优良。

4）PLA 薄膜具有良好的透气性、透氧性及透二氧化碳性，它也具有隔离气味的特性。病毒及霉菌易依附在生物可降解塑料的表面，会有安全及卫生的隐患，PLA 是唯一具有优良抑菌及抗霉特性的生物可降解塑料。

5）PLA 和石化合成塑料的基本物性类似，也就是说，它可以广泛地用来制造各种应用产品。PLA 也拥有良好的光泽性和透明度，和利用聚苯乙烯所制的薄膜相当，是其他生物可降解产品无法提供的。

6）PLA 具有良好的抗拉强度及延展度，可通过各种普通加工方式生产，例如：熔化挤出成型、射出成型、吹膜成型、发泡成型及真空成型，与广泛使用的聚合物有类似的成形条件，此外，它也具有与传统薄膜相同的印刷性能。因此，PLA 可以应不同需求，制成各式各样的应用产品。

7）相容性与可降解性良好。PLA 在医药领域应用也非常广泛，如可生产一次性输液用具、免拆型手术缝合线，低分子 PLA 还可制作药物缓释包装剂等。

8）机械性能及物理性能良好。PLA 适用于吹塑、热塑等各种加工方法，加工方便。可用于加工从工业到民用的各种塑料制品、食品包装、快餐饭盒、无纺布、工业及民用布等。进而加工成农用织物、保健织物、抹布、卫生用品、室外防紫外线织物、帐篷布、地垫面等，市场前景十分看好。

任务 2　掌握 MakerBot Replicator2 打印机的操作

任务描述

MakerBot Replicator2 3D 打印机属于桌面级 FDM 打印机，本任务将让学生掌握 MakerBot Replicator2 3D 打印机的操作与使用方法，详细介绍了 MakerBot Replicator2 3D 打印机的打印前准备工作、打印台的调平、打印材料挤出与撤回、送料与更换材料、常见问题处理等工作内容。

任务实施

一、认识 MakerBot Replicator2 3D 打印机操作面板

MakerBot Replicator2 3D 打印机操作面板是位于 3D 打印机右下方的 LCD 面板。

LCD 按键面板如图 2-1-29 所示，M 键的周围有四个按钮，这些按钮用于进行 LCD 显示屏菜单的导航和选择操作。

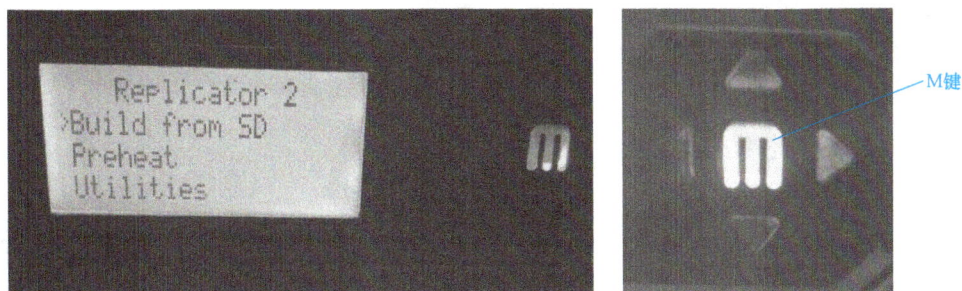

图 2-1-29 LCD 按键面板

1）向左的箭头按钮通常代表返回或者取消操作。

2）常亮的红色 M 键代表 MakerBot Replicator2 打印机正在运行。

3）闪烁的红色 M 键代表机器正在等待用户输入命令。

图 2-1-29 所示屏中 "Preheat" 表示预热。3D 打印机需要将材料先融化再挤出冷却成型，所以喷头、平台温度都需要达到一定值才能开始打印，就需要一定的预热时间。不同的设备使用的材料不同，需要的打印温度也是不一样的。打印同一种材料，不同品牌设备需要的预热时间也有差别，这主要与 3D 打印机使用的喷头、平台、加热装置的质量好坏有关。预热时间还与工作环境的温度有关，冬季温度低、散热快，温度升得慢，时间就长一些，夏季升温就会快一些。在打印开始前，需根据设备和材料设定好打印需要的温度，预热开始后设备温度就会慢慢加热到设定值，在这个过程中要随时监控平台及喷头的温度。当温度达到要求后就可以开始正式打印，在这个过程中平台与喷头要保持合适的距离，中途遇到喷头堵塞或平台不平就要停机修理。需要注意的是，在恢复正常后可能要重新预热、重新开始打印，所以为了不造成这样的麻烦，就必须减少 3D 打印机喷头堵塞的频次，做好喷头日常清洗工作、控制好温度、使用好的材料。

二、调平构建平台

模型打印时，最重要的是第一层的效果，第一层能够很好地粘在平台上，后面如果不出意外，都可以顺利完成。但是第一层的打印并不容易，其中一个原因就是平台是否水平，如果平台不水平，可能导致模型的第一层在某处位置非常牢固，在另一处位置却根本没有粘上，甚至会损坏打印头（平台不水平，由低位置运动到高位置打印头可能会撞坏），所以调平在 3D 打印的准备阶段非常重要。

1. 构建平台初次调平

如图 2-1-30～图 2-1-34 所示，将 MakerBot Replicator2 接通电源，打开电源开关，初次使用时，打印机的 LCD 显示屏会提醒用户按照向导进行平台调平。每一次打印头在平台上方进行移动时，观察打印头与平台之间的距离，尽量保持统一。如需调整，平台下面有三颗可手动旋转的螺钉，用来调整平台水平。

构建平台的三颗调平螺钉（旋钮）用于升降构建平台：

1）旋紧旋钮（向右旋转），使构建平台远离挤出机喷嘴。

2）旋松旋钮（向左旋转），使构建平台靠近挤出机喷嘴。

3）旋转三颗调平旋钮，使打印头喷嘴与构建平台的空隙均匀，空隙大小为 A4 纸能够顺畅自由拉出即可。

图 2-1-30 进入调平模式

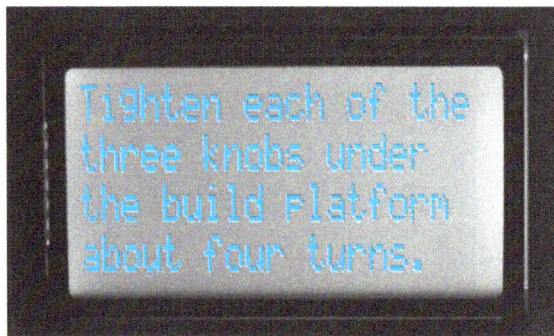
图 2-1-31 MakerBot Replicator2 平台调平向导 1

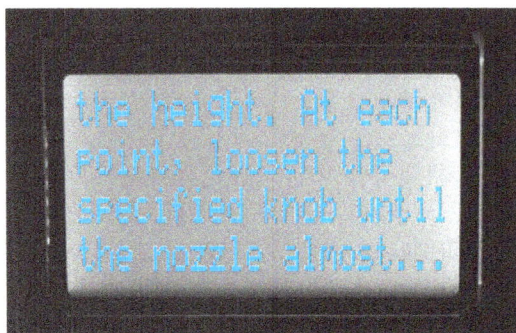
图 2-1-32 MakerBot Replicator2 平台调平向导 2

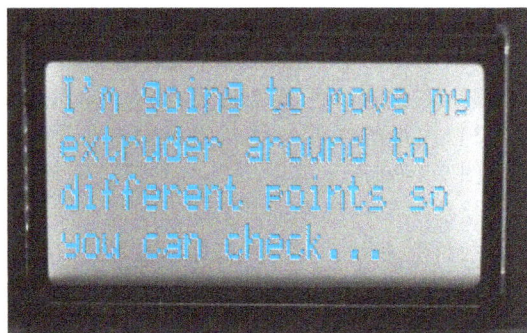
图 2-1-33 MakerBot Replicator2 平台调平向导 3

需要注意的是，构建平台是否水平是影响打印质量的重要因素之一。对于新手来说，这也是最大的挑战之一。调平过程有两个主要目标：一是确保构建平台与挤出机平行，二是与挤出机的喷嘴保持正确的距离。如果构建平台离挤出机喷嘴太远，打印的物品可能会无法黏附到平台上。但是，如果构建平台离挤出机喷嘴太近，可能会导致细丝无法从喷嘴挤出，或者导致第一层被压扁，难以从平台上取下模型。

在调平向导的每个阶段，Replicator2 都会要求在构建平台和喷嘴之间滑动纸片，以测试构建平台的高度是否适

图 2-1-34 MakerBot Replicator2 平台下三颗调平螺钉

合。配件盒中有 MakerBot 技术支持的名片，卡片厚约 0.12mm，适合用于此测试操作。

2. 后续调平步骤

在调平的过程中，MakerBot Replicator2 3D 打印机会将挤出机喷嘴移动到构建平台上方的各个位置。每个位置上，都需要调节调平螺钉（旋钮），以确保平台与喷嘴之间保持合适的距离。

每个位置，Replicator2 都会提示调节旋钮，直到可以在平台和喷嘴之间通过 MakerBot 技

术支持卡片（也可用其他卡片或纸张替代）。感觉卡片受到一些摩擦，但仍然能够轻松地在平台和喷嘴之间通过，不会有撕裂或损坏即可。

如图 2-1-35 所示，LCD 显示屏提示，旋紧构建平台下方的三个旋钮，每个旋钮转四圈。

如图 2-1-36 所示的指示，调节后方的旋钮，直至卡片正好能穿过喷嘴和平台之间。

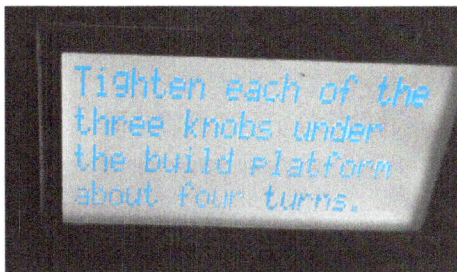

图 2-1-35　旋转旋钮指示

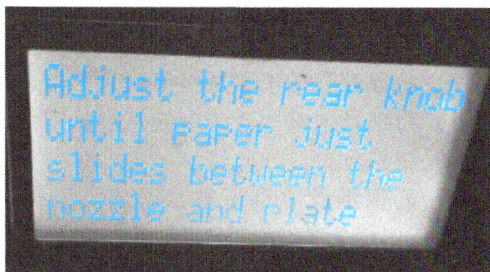

图 2-1-36　调节后方旋钮指示

如图 2-1-37 所示的指示，调节右前方的旋钮，直至卡片正好能穿过喷嘴和平台之间。

如图 2-1-38 所示的指示，调节左前方的旋钮，直至卡片正好能穿过喷嘴和平台之间。

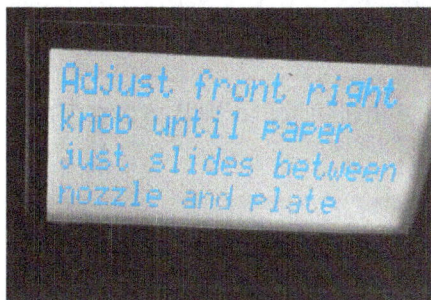

图 2-1-37　调节右侧旋钮指示

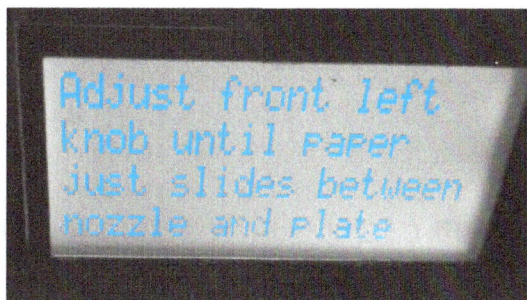

图 2-1-38　调节左侧旋钮指示

最后再操作一次，根据指示，调节后方旋钮、右前方旋钮、左前方旋钮，直至卡片正好能穿过喷嘴和平台之间。

如图 2-1-39 所示的提示，测试喷嘴位于构建平台正中间的情况下，卡片是否能刚好穿过喷嘴与平台之间。

任何时候，如果构建平台有问题或需要再次调平，可以使用箭头按钮浏览 LCD 屏的菜单，找到"Utilities"工具菜单，按"M"键选择并进入此菜单；再使用箭头按钮浏览菜单选项，找到"Level Build Plate"调平打印平台选项，按"M"键选择该菜单项。

需要注意的是，Replicator2 3D 打印机在工作时，会加热到很高的温度，移动的零件可能会伤到

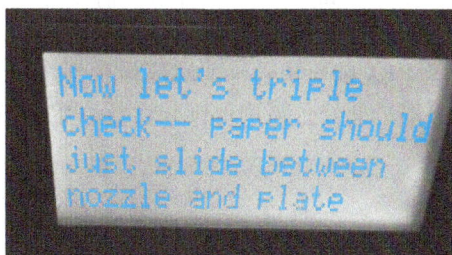

图 2-1-39　确认调整效果

人，所以在打印过程中，不要触碰打印机内部。打印完成后，耐心等待打印机冷却，需谨记挤出机和电动机的温度很高！

三、打印材料处理

1. 细丝装载入挤出机

完成初始阶段的调平任务后，LCD 显示屏会显示"Aaah，that feels much better. Lets go on

1 PROJECT

and load some plastics"。

在打印之前，必须把 MakerBot PLA 细丝装载到挤出机中。一旦装载完毕，打印机的挤出机会根据需要拉取抽丝，进行物品打印。只需要在材料打印完或更换颜色的时候，重新装载细丝，无须在每次打印作业间重新装载材料。

装载 MakerBot PLA 细丝时，必须注意以下几点：

1）加热挤出机。

2）将导丝管的末端从挤出机顶部取出。

3）将细丝未被固定的一端从卷轴引向导丝管末端，导丝管位于打印机的背面。

4）将细丝穿过导丝管。

5）确保细丝末端平整，可能需要用剪刀或刀子重新切割。

6）将细丝未被固定的一端插入到挤出机顶部的孔中。

7）等待细丝加热并挤出。

8）重新把导丝管放置到挤出机顶部的空隙中。

装载细丝前的调平提示如图 2-1-40 所示，具体装载步骤及注意事项如下：

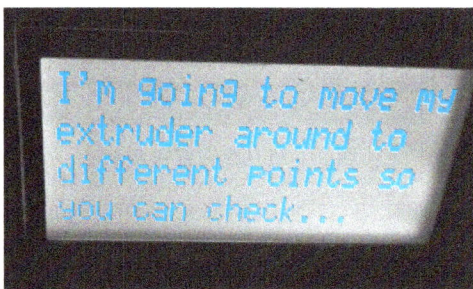

图 2-1-40　调平提示

1）找到挤出机顶端的导丝管连接处，把导丝管从挤出机中取出，即从挤出机顶部的孔中轻轻拉起导丝管，导丝管位于 MakerBot Replicator2 打印机的背面。从 MakerBot PLA 细丝卷中拿出一头，将其插入导丝管，直到在导丝管另一端露出，此时，细丝头位于挤出机附近。图 2-1-41 所示的就是将细丝穿过导丝管的示意图。

2）MakerBot PLA 细丝穿过导丝管后，按 LCD 面板上的 M 键，如图 2-1-42 所示。此时，打印机开始加热挤出机，显示屏提示如图 2-1-43 所示。需要注意的是，为了防止细丝堵塞，应确保 MakerBot PLA 细丝从卷轴的底部传送到卷轴的顶部，此外，需确保细丝已经固定在右侧的卷轴支架上，且可以按照顺时针方向绕出材料。

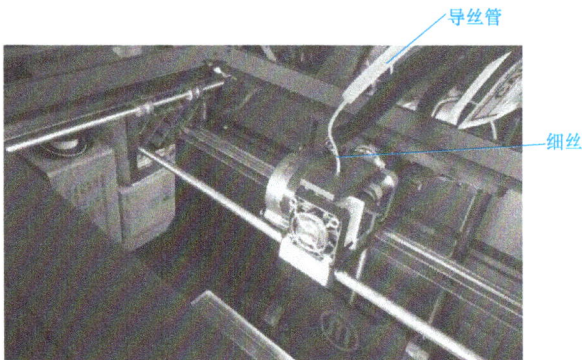

图 2-1-41　细丝穿过导丝管

图 2-1-42　按下 M 键

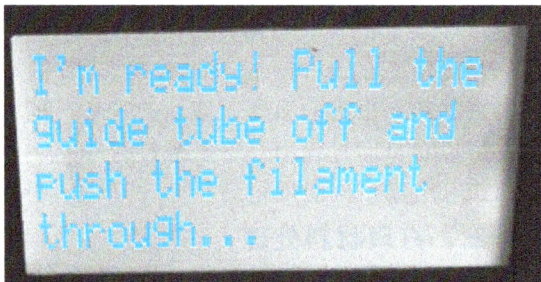

图 2-1-43　挤出机加热提示

3）当挤出机温度达到230℃时，LCD面板会提示将MakerBot PLA细丝装载到挤出机中。进行浏览操作，直到LCD面板提示"看到塑料挤出"时，按下M键。将MakerBot PLA细丝未固定的一端拉到离挤出机最近的地方，稳稳地将它推入挤出机顶部的孔中，如图2-1-44所示。应非常稳定地推送细丝，确保细丝进入孔中心，而不是卡在孔边缘。对细丝持续施加压力，继续将其推入孔中；大约5s后，应该可以感觉到电动机正在拉扯细丝；再持续施压5~10s，然后放手。

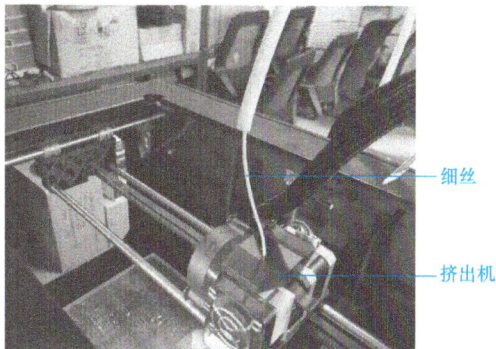

图2-1-44　将细丝推入挤出机

4）观察挤出机喷嘴。当看到装载的MakerBot PLA细丝开始从喷嘴挤出时，按下M键停止挤出。如果一开始从喷嘴中挤出的细丝颜色有问题，可能是因为挤出机中留有厂前测试阶段的剩余细丝。然后，把导丝管重新插入挤出机顶端的孔中，如图2-1-45所示。挤出的PLA材料待冷却后，把它从喷嘴里拉出，如图2-1-46所示，这段拉出的PLA材料扔掉即可。

图2-1-45　重新装好导丝管

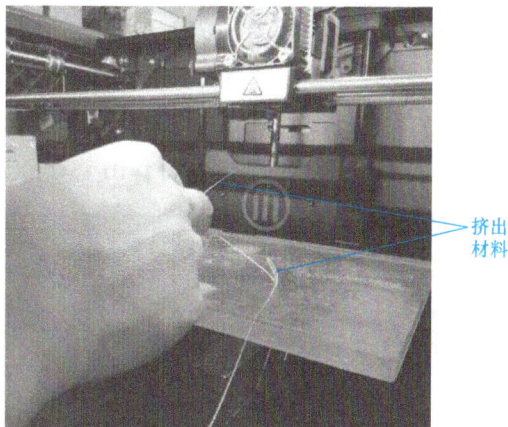

图2-1-46　取出多余的材料

特别要注意不要在挤出机喷嘴处残留任何材料，因为在打印过程中，这些残留材料可能会导致新挤出的材料粘在喷嘴处，无法粘附到平台上构建模型。

如果有任何问题或者需要再次装载MakerBot PLA细丝，可以使用箭头按钮浏览LCD菜单，找到"Utilities"工具菜单，按"M"键选中该选项；然后，使用箭头按钮浏览菜单选项，找到"Filament Options"（细丝选项）菜单，按下"M"键选中该选项；继续使用箭头按钮浏览，找到"Load Filament"（装载细丝）菜单，按下"M"键选中该选项。

2. 更换细丝

如果需要卸载MakerBot PLA细丝（比如，为了装载其他颜色的细丝，或者对喷嘴进行维护），可按照LCD菜单的指导进行相应操作。在LCD面板中选择"Utilities"（工具）→"Filament Options"（细丝选项）→"Unload Filament"（卸载细丝），查看细丝卸载指令。

四、MakerBot Replicator2 使用注意事项

MakerBot Replicator 2相对而言是一款比较成熟的3D打印机，在使用时注意事项比较少，但是由于打印机工作过程中有高温部件，建议用户打印时注意以下事项，以免出现危险。如

1

PROJECT

图 2-1-47 所示是 MakerBot Replicator 2 打印机菜单选项界面。

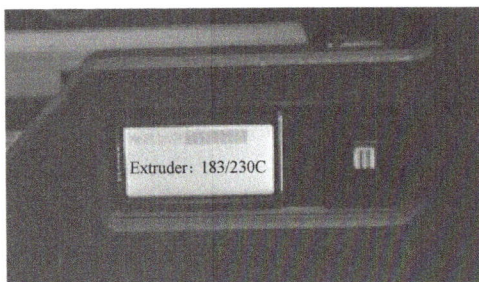

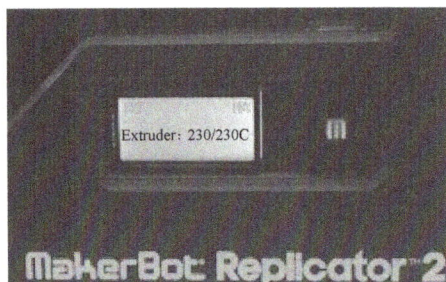

1. 注意事项

打印机配件盒内有一小包固态润滑油脂，在使用打印机之前，需要将油脂均匀涂抹在打印头左右滑动的金属杆与齿轮上，以保证打印头顺滑移动。

在检查喷嘴是否堵塞时，需要先预热，如图 2-1-48 所示为 MakerBot Replicator2 打印头预热时的显示屏温度提示。

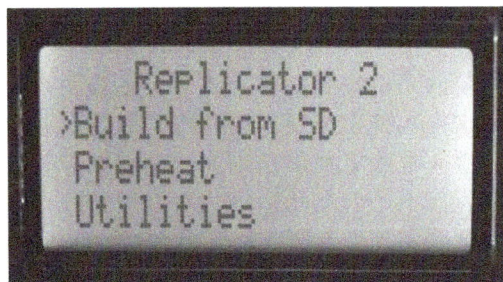

图 2-1-47 MakerBot Replicator2 打印机菜单选项

图 2-1-48 MakerBot Replicator2 打印头预热温度提示

预热过程中，打印机的 LED 灯会逐渐从紫色变成红色（如图 2-1-49 所示），最后变成蓝色（如图 2-1-50 所示），预热过程中不要用手去触摸打印头。

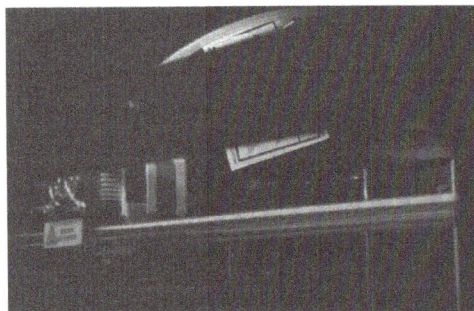

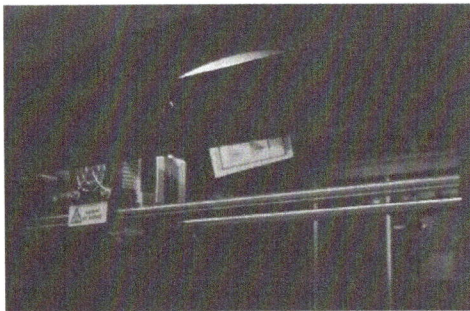

图 2-1-49 MakerBot Replicator2 预热时 LED 灯颜色变化（紫色-红色）

在打印模型时，需要将打印机放置在水平桌面上，在打印机工作时，不要用手触摸打印头或将手伸入打印机内部，避免高温烫伤。

2. 常见问题及解决方案

如在送丝或构建平台粘附性方面遇到困难，以下是常用的解决方案。

（1）细丝无法装进挤出机，以下措施可以参考：

1）重新修剪细丝端部。剪切的时候，刀口不要与细丝垂直，从而使细丝端部形成一个小尖头，有助于装载。

图 2-1-50 MakerBot Replicator2 预热时 LED 灯颜色变化（蓝色）

2）把细丝推送入挤出机的过程中，稍加用力。推送细丝不会损害打印机，所以尽可能地用力。紧抓细丝，将其推入挤出机顶部的孔中，为了握紧细丝，可以用一把钳子夹住细丝。

3）确保细丝笔直插入挤出机，没有歪斜。感觉到电动机拉扯细丝材料后，继续对细丝施力，持续10s以上。

（2）打印模型粘贴在打印床上，以下措施可以参考：

1）使用工艺刮刀轻轻地从平台上撬起模型。

2）尝试在平台上贴一张蓝色胶布。可以使打印模型仍然能粘贴在打印平台上，但能更容易地取出。

3）模型难以取出，可能是由于挤出机太靠近平台。尝试把平台稍微降低点，将平台底部的每个旋钮旋紧1/4圈，使平台离挤出机的喷嘴稍微远一点。

（3）第一层打印得很薄，随后挤出机停止工作，以下措施可以参考：

1）可能是由于平台跟挤出机靠得太近，导致细丝无法从喷嘴中挤出。

2）将平台底部的每个旋钮旋紧1/4圈，使平台离挤出机的喷嘴稍微远一点。

3）如果上述两个方法没有解决问题，那么在LCD面板菜单中选择"Utilities"（工具）→"Level Build Plate"（调平平台），运行调平脚本。卸载细丝时，若细丝无法从挤出机中取出，可用老虎钳从加热过的挤出机中拉出细丝。

3. 维护工作

（1）材料的保存　PLA和ABS材料都会吸收水分，所以需要去除或者减少细丝中的水分，也就是降低湿度。材料吸收水分后会造成两个问题，膨胀和水分在挤出机中沸腾。材料膨胀可能会导致挤出机堵塞，细丝较粗的部分无法进入挤出机。水分在挤出机中沸腾，会出现不规则的流动（在挤出的过程中会出现"啪啪啪"的响声）。为了避免上述问题，需要将不用的细丝保存在密封的容器内，并放入附带的干燥剂。如果有多种颜色的细丝，那么确保细丝干燥就更重要了。

（2）润滑螺纹杆　每打印50个小时，就应该润滑Z轴的螺纹杆，须使用基于聚四氟乙烯（PTFE）的润滑剂（打印机的配件之一）。首先抓住构建平台的两侧，将它移动到打印机的底部，然后使用干净、无绒的抹布（或手指）在螺纹杆上涂抹润滑剂，以确保螺纹内得到了润滑。

（3）调整活塞　一般经过100个小时或更长时间的打印，就需要调整挤出机组件中的活塞。活塞用于推动细丝，使驱动电动机抓住细丝。如果活塞磨损，不能对细丝施加压力，那么打印机可能会停止挤出细丝，通过对活塞进行调整可以有效解决这个问题。

调整活塞的步骤如下：1）首先，拧开主动散热风扇，散热风扇位于挤出机左侧，由两个2.5mm的螺栓固定。拧松螺栓后，把主动散热风扇取出，放到一边。2）然后，推开风扇电线，会看到一个黑色的塑料驱动器，在驱动器中寻找小圆孔，将2mm规格的六角扳手（打印机的配件之一）插入孔中，直到感觉到扳手卡进定位螺丝，接着按顺时针方向转动六角扳手，拧紧活塞。3）最后，重新安装主动散热风扇，安装时小心避免风扇电线断掉，拧紧螺栓，将风扇固定到挤出机中。

（4）清洁驱动齿轮　驱动齿轮是挤出机的一部分，推动细丝通过挤出机。当使用打印机进行打印时，材料可能会粘附到驱动齿轮上，如果出现这类问题，可以考虑清洁驱动齿轮。

清洁时，先从挤出机中卸载细丝，之后拧开风扇防护罩下面的两个螺栓，将风扇罩、风扇、散热片和垫片作为一个整体拆下，这些零件不用分拆，整个放在一边。然后断开电动机电线，取出电动机组件。接着在电动机轴上找到驱动齿轮，用化妆刷、牙刷或牙签清理驱动齿轮上附着的细丝。最后，重新安装电动机组件，连上电线，拧紧风扇防护罩、风扇和散热片。重新载入细丝后，打印机就能重新工作了。

五、MakerBot Replicator2 性能测试

关于 MakerBot Replicator2 的性能，这里选择四款大小不同、形态各异的 3D 模型，龙头印章、皮卡丘、蜡笔小新等卡通动漫形象进行测试。在打印速度方面，如果设置为默认精度（也就是标准精度），打印速度则非常快；如果选择高精度打印，虽然速度慢一点，但是得到的立体模型细节更完善。如图 2-1-51~图 2-1-54 所示，为 MakerBot Replicator2 打印性能测试的过程。四款模型的打印信息见表 2-1-1。

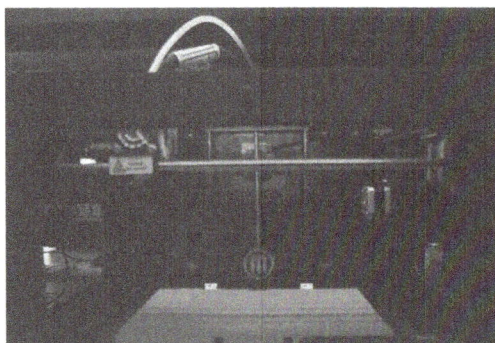

图 2-1-51　MakerBot Replicator2 准备打印（紫灯）

图 2-1-52　MakerBot Replicator2 打印过程中

图 2-1-53　MakerBot Replicator2 打印结束

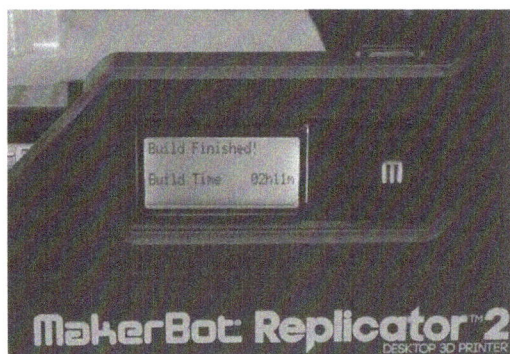

图 2-1-54　MakerBot Replicator2 显示打印用时

表 2-1-1　MakerBot Replicator2 打印性能测试

模型名称	精度	用时
9cm 高龙头印章	标准精度	2h11min
4cm 高皮卡丘模型	高精度	1h36min
5cm 高卡通人物模型	高精度	3h22min
6cm 高蜡笔小新模型	高精度	4h25min

根据表 2-1-1，从打印速度来看，默认精度打印高度为 9cm 的龙头印章需要 2h11min。而高精度模式下，打印一些体积较小的模型，同样需要 1~3h 的时间。也就是说，对于个人级别的 3D 打印机，其速度表现并不是特别快，还没有达到比较理想的打印速度。如图 2-1-55~图 2-1-58 所示，是测试过程中打印 6cm 高蜡笔小新模型的过程。

默认精度下的打印精度是 270μm，与高精度 100μm 仍然有着较大的差距，所以为了得到更好的模型，建议选择高精度打印。

图 2-1-55　6cm 高蜡笔小新模型打印完成状态

图 2-1-56　6cm 高蜡笔小新模型打印完成用时

图 2-1-57　6cm 高蜡笔小新模型取出状态

图 2-1-58　6cm 高蜡笔小新模型拆除外部支撑材料

任务 3　掌握 3D 打印机切片控制软件 Makerware 的操作

任务描述

MakerBot Replicator2 3D 打印机属于桌面级 FDM 打印机，本任务将让学生掌握 MakerBot Replicator2 3D 打印机的切片控制软件 Makerware 的操作与使用方法，了解打印参数和条件，能够使用 Makerware 进行模型数据的切片处理等工作。

任务实施

一、认识切片软件

3D 打印是把三维软件建的模型或者通过 3D 扫描数据获取的模型，在现实世界中用一些真实材料堆积形成实体，这是一个增材制造的过程，这个制造过程需要模型每一个截面的数据。比如 CT（Computed Tomography），即电子计算机断层扫描，就是把人体某一部分的截面按照顺序扫描出来，如图 2-1-59 所示。

使用切片软件把一个模型沿 Z 轴分成若干层，然后把每一层打印出来，最后堆叠起来就可得到一个立体的实物模型，这就是 3D 打印的成型原理。所以，切片是 3D 打

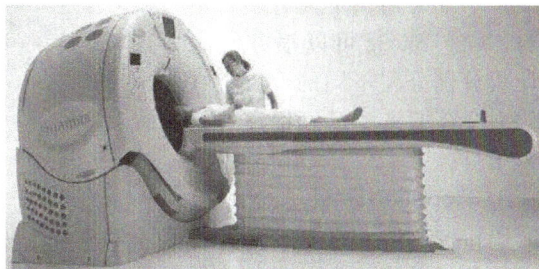

图 2-1-59　CT 检查

印过程中非常重要的一个环节，常见的 3D 打印机成型原理都是将 3D 模型分割为 n 层，然后每层看作一个二维平面进行打印，当把所有的平面堆积起来时，就形成了最终的 3D 模型。

由于 3D 打印机不能直接识别 3D 模型，所以需要一个软件或工具，将 3D 模型转换为机器可以识别的分层的二维数据，即 Gcode（G 代码）格式文件，图 2-1-60 所示展示的就是切片和打印的图片。

图 2-1-60　3D 切片与 3D 打印

常见的切片软件有以下介绍的 4 种。

1. Simplify3D

RepRap 推出的多功能 3D 切片软件——Simplify3D（图标如图 2-1-61 所示），几乎可替代常规切片软件。这款软件支持不同类型文件的导入，可缩放 3D 模型、创建 G 代码并管理 3D 打印过程。该软件包含了 3D 打印机制作零件所需的图形导入和处理功能，还能验证刀具路径。

2. Slic3r

Slic3r 是给上位机控制软件提供切片数据的软件，图 2-1-62 所示为 Slic3r 软件的图标。Slic3r 是一款可将 STL 文件转化成 Gcode 文件的开源软件，它具有更加快速、可配置参数、更加灵活等特点。

图 2-1-61　Simplify3D

图 2-1-62　Slic3r 图标

Slic3r 软件中的"Print Settings"（打印设置）界面如图 2-1-63 所示，可看到用户个人的设置都是命名为"Ultimaker"。如果用户个人有多台不同型号的打印机，Slic3r 可以很方便地为这些打印机分别分配不同的设置，在生成 G 代码时只需要选择已经保存好的设置就可以了。

3. Repetier-Host

Repetier-Host 是 Repetier 公司开发的一款免费的 3D 打印综合软件，可以实现切片、查看/修改 G 代码文件、手

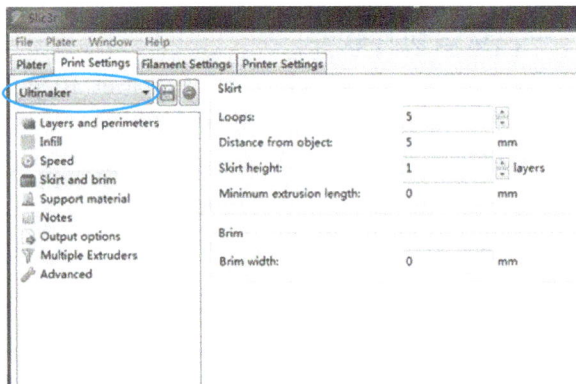

图 2-1-63　"Print Settings"界面

动控制 3D 打印机、更改某些固件参数以及其他的一些小功能。Repetier-Host 的"简单模式（Easy Mode）"按钮有两种状态，绿色状态说明已经处于简单模式下，一些高级用户才需要的功能，在这个模式下是被隐藏起来的。这个模式的出现，也说明 Repetier-Host 软件在逐渐向简单易用的方向进化。

4. Cura

Cura 是 Ultimaker 公司设计的 3D 打印切片软件，使用 Python 开发，集成 C++ 开发的 CuraEngine 作为切片引擎。Cura 具有切片速度快、切片稳定、对 3D 模型结构包容性强、设置参数少等诸多优点，图 2-1-64 所示即为 Cura 软件图标。Cura 的主要功能有：载入 3D 模型进行切片，载入图片生成浮雕照片并切片，连接打印机打印模型。

图 2-1-64　Cura 软件图标

二、掌握 Makerware 基础操作

（一）Makerware 软件运行界面

Makerware 软件运行界面如图 2-1-65 所示，当模型数据导入软件模拟平台后，在左上角可以看到三个图标："房子"形状的按钮用于整体视角归位，也就是使视角回到软件首次打开时的视角；"+""-"两个图标分别用来拉近和拉远模型的距离，作用等同于鼠标滚轮滚动（前滚拉近，后滚拉远）。

软件界面左边出现的四个操作选项，分别为"视角选项""移动选项""旋转选项"以及"打印比例选项"。视角选项在实际使用过程中会较少使用，三个视角位置等同于"View"菜单，"Reset View"作用等同于"Home"图标。

（二）常见工具的含义

1）Service 选项卡。"Stop Background Service"是指停止后台服务，"Restart Background Service"是指重启后台服务，"Show Background Service Log"是指显示后台服务日志。Service 选项卡用于 PC 和打印机联机出现故障的时候使用，若不连接或者没问题的时候可以忽略。

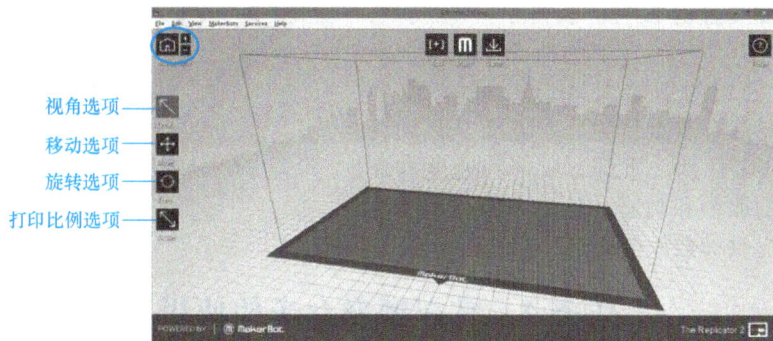

视角选项 ——
移动选项 ——
旋转选项 ——
打印比例选项 ——

图 2-1-65　软件运行界面

2）Quality 选项卡。其中较为重要的参数是 infill（填充），一个立体实物的存在需要满足力学平衡，也就是说需要一定的支撑。3D 打印机打印的物体是喷料层层堆叠成的，封闭物体内部可以是空心的，所用材料的多少可以通过填充率的设置来控制，只要填充的材料能支撑起外部轮廓就可以了。如果 3D 打印机设置填充率为 100%，那打印的就是实心的模型，这样既不经济也影响速度；一般 3D 打印为了节省材料和时间，填充率是不设置为 100% 的。但填充率也不可设置得过小，以免模型因支撑力不足无法成型，另外，填充率设置小了，会略微影响 3D 打印机的精度，所以要根据设备的实际情况控制好速度和填充率之间的关系。对于一般的模型，填充率设为 20% 就可以了，不需要花过多的时间来打印模型内部结构，速度就可

以得到提高，同时还可以节省材料。

3）Makerware 软件中其他常见工具的含义见表 2-1-2。

表 2-1-2　各种工具的含义

工具	含义	工具	含义
New	新建一个打印预览界面	Undo	撤销当前动作
Open	打开一个 .obj 工程图	Redo	重新执行当前撤销动作
Add	加入一个 3D 建模图，目前只支持 .object/.stl/.thing 为后缀格式的 3D 文件	Cut	剪切
Recent	重新打开之前关闭的历史模型	Copy	复制
Example	打开自带的模型	Paste	粘贴
Colse	关闭软件	Duplicate	副本
Save	保存	Delete	删除
Save as	另存为	Select all	全选
Export	导出当前模型为一个打印机可执行的工程文件	Deselete all	全部取消选定
Make It	若 PC 与打印机联机，可以直接打印不需要导出文件	Auto layout all	所有自动布局
Make from file	从文件打印	Setting	设定，主要是模型颜色和背景设定

（三）填充参数设置的研究

专门进行材料功能性研究的公司 3D Matter 对 3D 打印的填充和层高进行了研究，针对特定打印参数，如填充率、层高和填充结构等，对其相应的 3D 打印质量的影响，取得了一些成果，如图 2-1-66 所示。

3D Matter 公司的创始人 Arthur Sebert 解释说，"这项研究具有双重目的，一方面是帮助普通用户在 3D 打印强度、质量、成本和速度方面做出真正有效的取舍和判断；另一方面，是为更多的技术用户提供参数如何影响机械性能的深入分析。"

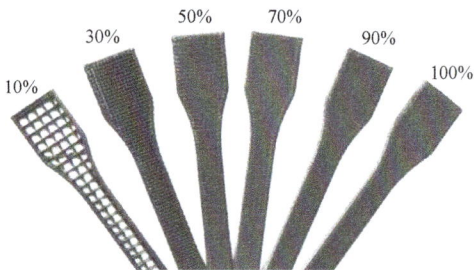

图 2-1-66　不同填充率产生不同的打印结果

任务4　掌握魔猴盒子的使用

任务描述

要了解魔猴盒子，首先要了解魔猴 3D 打印云平台。魔猴 3D 打印云平台由四大服务体系构成，包括在线 3D 打印创新学习系统、仿真学习系统、学习评估系统和师资培训系统，四大服务体系相辅相成，层层相扣，组成一个有机的统一体。

魔猴盒子是新一代 3D 打印云平台魔猴网发布的，是国内首个 3D 打印智能控制单元。它能够兼容 RepRap、MakerBot、闪铸等主流及各种开源 3D 打印机，预设多款 3D 打印机属性设置，支持打印机自定义。通过魔猴盒子，可以将多台 3D 打印机连入云端，由云端系统统一调配，管理打印机，从而实现 3D 打印生产列队的管理。除了支持主流格式 3D 文件、自动修复 3D 文件、首创云切片技术等功能外，通过配套的"掌上 3D 打印"APP，用户在手机等移动端便可以实时远程监控 3D 打印的全过程，及时发现问题并进行调整。

本任务是让学生们熟悉并掌握魔猴盒子的功能和应用，并使用魔猴盒子远程控制打印机，监控打印状态。

任务实施

一、魔猴盒子连接

1. 盒子外观

如图 2-1-67 所示，从外观来看，魔猴盒子就像平时使用的移动电源，小巧轻便，同时盒子上集成了很多接口，方便用户扩展。

图 2-1-67　魔猴盒子

魔猴盒子只需与打印机和摄像头简单连接，即可使用，如图 2-1-68 所示。

2. 软件介绍

魔猴盒子要配合"掌上 3D 打印"APP 使用，魔猴盒子与打印机连接完成后，登录 APP，点击打开"打印管理"界面，就可看到机器"状态"是"就绪"，如图 2-1-69 所示。

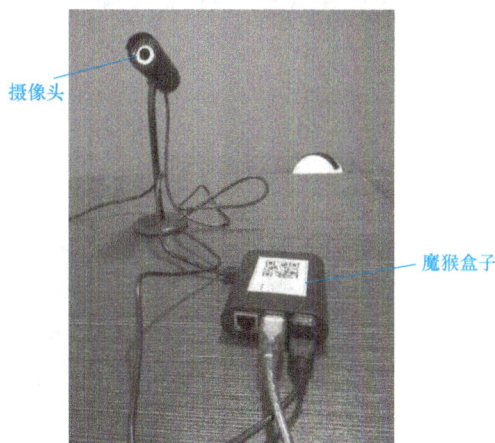

图 2-1-68　魔猴盒子连接

图 2-1-69　"掌上 3D 打印"APP

二、魔猴盒子使用

1. "掌上 3D 打印"APP 的使用

1）选择"账户"，打开"我的盒子"界面，如图 2-1-70 所示。

2）在"我的盒子"界面中，点击与盒子适配好的打印机，再选择"基本设置"，打开"配置盒子与打印机连接参数"界面设置连接参数，如图 2-1-71 所示。

3）在参数设置界面，可选择打印机对应的厂家，或者自定义打印机厂家；选择"下一步"，然后设置其他参数，如图 2-1-72 所示。

图 2-1-70　我的盒子　　　　　　　　　图 2-1-71　设置连接参数

2. 魔猴盒子的功能

（1）兼容大部分主流桌面级 3D 打印机（包括并联臂三角洲）。

（2）支持自定义 3D 打印机（支持 MakerBot Replicator2）。

（3）预设 3D 打印机参数，实现 3D 打印快速上手。

（4）支持 Gcode 文件直接打印。魔猴盒子支持 Gcode 格式文件打印，Gcode 文件是指已切片的文件。如图 2-1-73 所示，图中的"KLEIN_WHOLE"模型就是 Gcode 文件，无须切片，可直接打印。

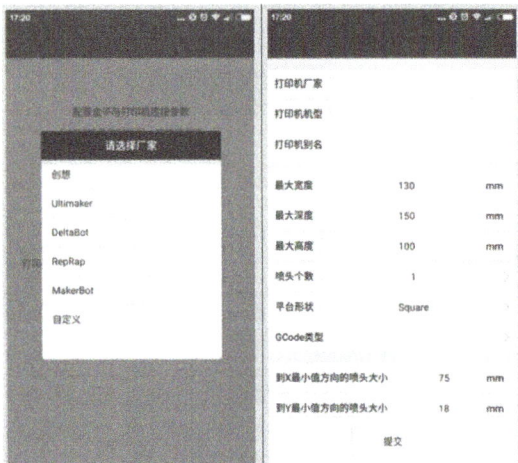

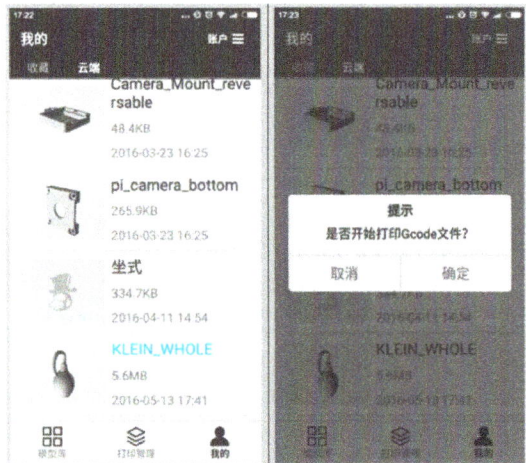

图 2-1-72　设置参数　　　　　　　　　图 2-1-73　Gcode 文件直接打印

（5）内置模型库。

模型库分类明确，主要的种类有热门、新品、艺术时尚、写实人物、创客 DIY、居家用品等。点击 APP 界面下端"模型库"选项，即可看到各种模型，如图 2-1-74 所示。

注意：

1）在"模型库"可以看到分类，如热门模型以及新品模型，可从中挑选模型打印。

2）APP 提供了模型搜索功能，可以快速、精确找到想打印的模型。

3）APP 提供了模型收藏功能。用户可选取自己喜欢的模型，打开后点击收藏按钮（心形图案），收藏控钮变成红色即表示模型收藏成功，如图 2-1-75 所示。点击 APP 界面下端"我的"选项，可查看收藏的模型，如图 2-1-76 所示。

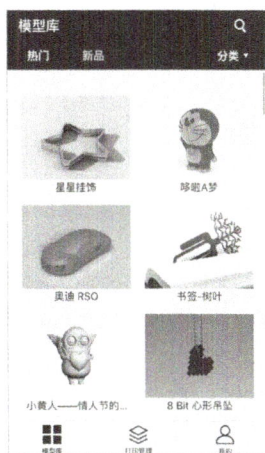

图 2-1-74　模型库　　　　　　　图 2-1-75　模型收藏　　　　　　图 2-1-76　模型收藏查看

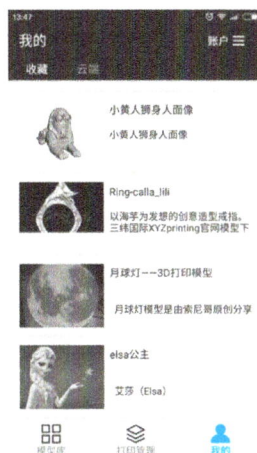

（6）免费云端存储。

支持本地文件快速上传云端，实现文件无线传送，同时支持上传模型加密存储。

点击 APP 界面下端"我的"选项，在"云端"选项卡中可找到上传模型的网址，如图 2-1-77 所示。

1）在计算机 Web 端输入该网址（http：//yun.mohou.com）上传模型，云端界面如图 2-1-78 所示。在"我的"界面中，用户即可看到自己收藏的模型以及上传在云端的模型。

图 2-1-77　模型云端上传　　　　　　　图 2-1-78　魔猴云端界面

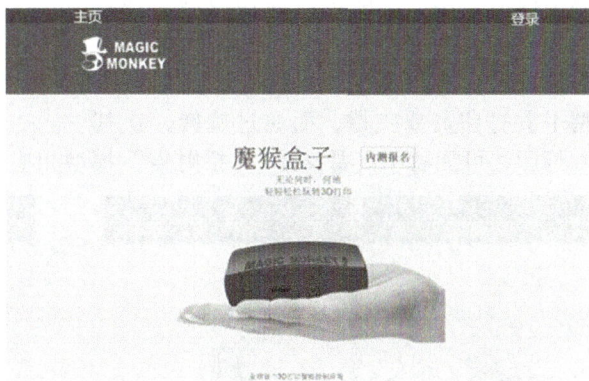

2）用 APP 账号登录，也可以上传模型，如图 2-1-79 所示，首先登录账号。然后点击文上传文件，点击上传模型即可。模型上传后，在 APP 云端即可查看已上传的模型，如图 2-1-80 所示。

魔猴特别贴心地给每位用户提供了免费 4G 云端存储空间，登录 http：//yun.mohou.com/ 网址，点击文件管理，用户就可以上传自己的模型。

（7）模型预览功能。

图 2-1-79　魔猴云端登录界面

图 2-1-80　上传模型界面

1）支持模型 3D 全方位预览。

从模型库或云端挑选好模型后，打开模型（本文选择模型库里的"招财猫"模型），点击界面右上角"模型预览"，即可预览模型，点击预览模型后可以查看 X、Y、Z 轴参数，如图 2-1-81 所示。

2）支持模型预览调整。

点击"模型预览"后，界面下端会出现平移、旋转、缩放这三个命令，选择相应命令即可平移、旋转、缩放模型。

"平移"即移动模型打印位置，"缩放"即调整模型大小，"旋转"即让模型以任意角度旋转。旋转也叫"摆盘"，有的模型可以通过旋转而无须支撑即可打印，比如一个模型平着打印需要支撑，而通过旋转，让其立着打印，可能就不需要支撑。"招财猫"模型相应命令执行如图 2-1-82 和图 2-1-83 所示。

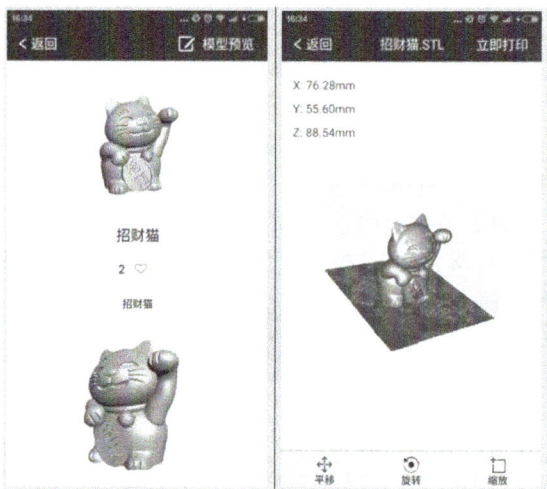

图 2-1-81　模型预览

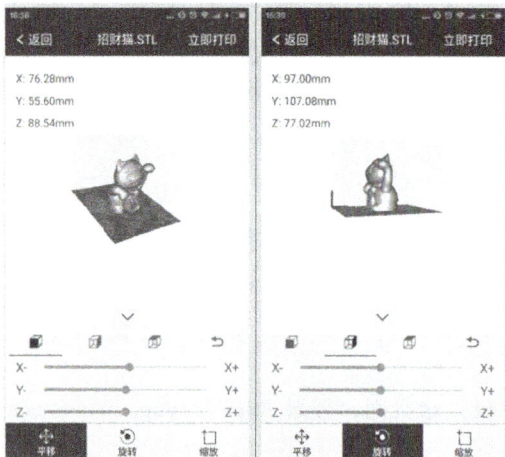

图 2-1-82　文件平移、旋转

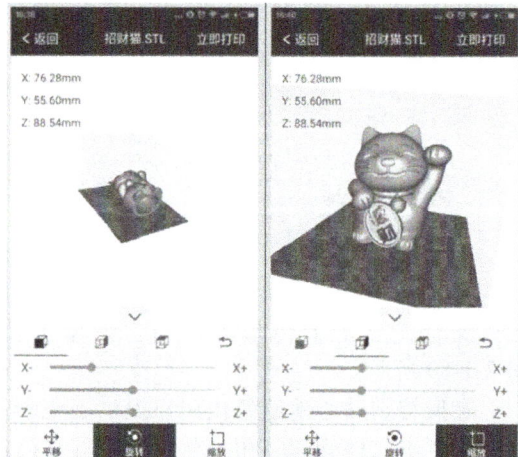

图 2-1-83　文件旋转、缩放

（8）分布式云端切片。

1）魔猴盒子支持在云端设置切片参数，包括基础、高级、专业参数设置。如图 2-1-84 所示，即为切片参数初始设置界面，可以设置打印质量、支撑类型、打印材料。

2）设置完打印质量、支撑类型、打印材料参数后，点击"更多设置"（新手可以选择"立即打印"），即可进行基础、高级、专业层次的切片参数设置，如图 2-1-85 所示。

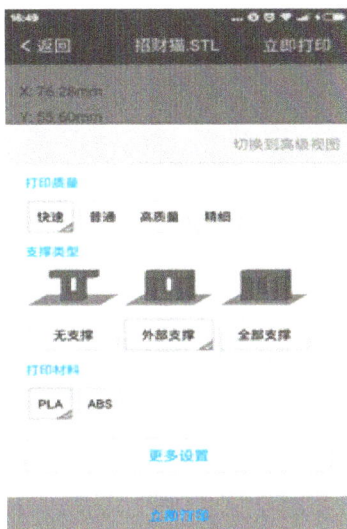

图 2-1-84　切片参数初始设置

图 2-1-85　"基础"切片参数设置

3）切片预览没问题后，点击"立即打印"，模型就会自动进行切片，示例如图 2-1-86 所示。切片速度的快慢，取决于待打印模型的大小。

（9）适配手机 APP，移动端远程控制 3D 打印全过程。

切片完成后，模型即可开始打印。远程控制打印机的选项包括：开始打印、结束打印、暂停打印、调试打印机。盒子可以监控两种打印方式，一是从模型库或者云端存储空间下载模型，进行打印；二是 SD 卡打印。

1）从模型库或者云端存储空间下载模型，进行打印。

首先在模型库首页点击目标模型，以"钻石形吊坠"模型为例，接着点击"模型预览"，模型就会显示在打印平台上，打印平台界面左上角显示的是模型大小，尺寸精确到小数点以后两位，可通过平移、旋转、缩放命令进行模型调整，如图 2-1-87 和图 2-1-88 所示。

调整完模型位置以及模型大小后，点击"立即打印"，进入切片参数设置界面，相关参数如图 2-1-89 和图 2-1-90 所示。

2）SD 卡打印。

在 SD 卡打印的情况下，盒子也可以监测打印状况，建议打印之前先把模型上传到云端，然后进行打印。图 2-1-91 所示即 SD 卡打印监视过程。

图 2-1-86　文件云端切片

移动端远程控制 3D 打印，可以随时调整设置 3D 打印机参数和监测打印情况。

1）随时调整设置 3D 打印机参数。

图 2-1-92 所示是调试界面，界面有 $X/Y/Z$ 方向移动、挤出（出料）、喷头加热、热床加热这六项命令。只要点击相应的命令，就会出现红色的命令发送消息。

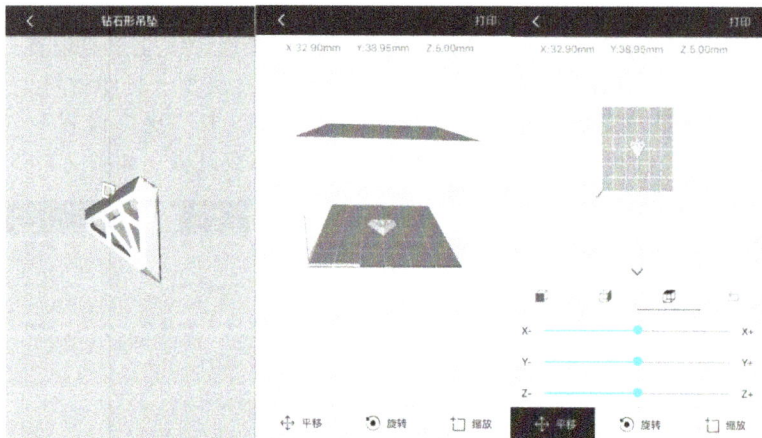

图 2-1-87　模型选取

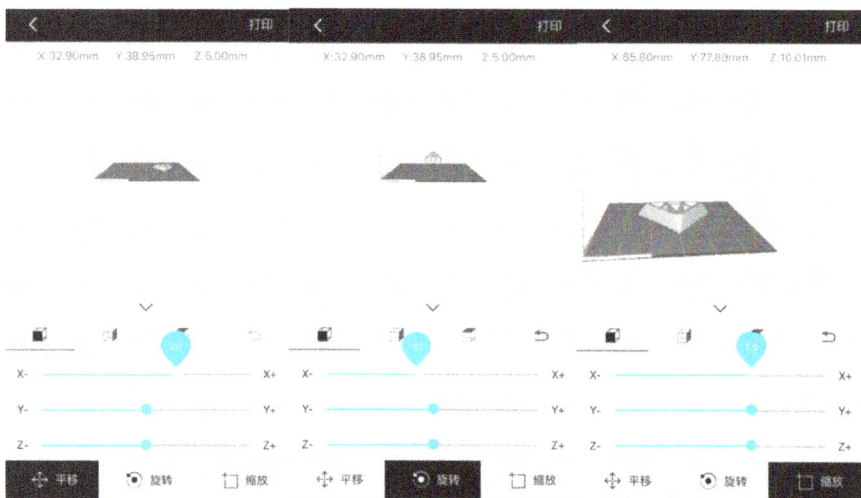

图 2-1-88　模型调整

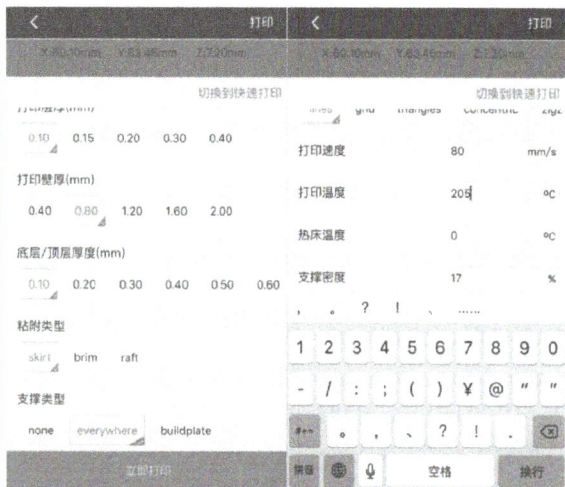

图 2-1-89　模型打印切片参数设置（一）

图 2-1-90　模型打印切片参数设置（二）

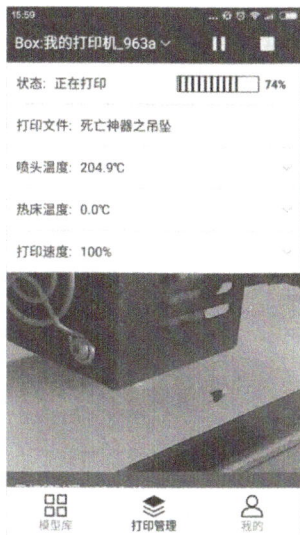

图 2-1-91 SD卡打印监视过程

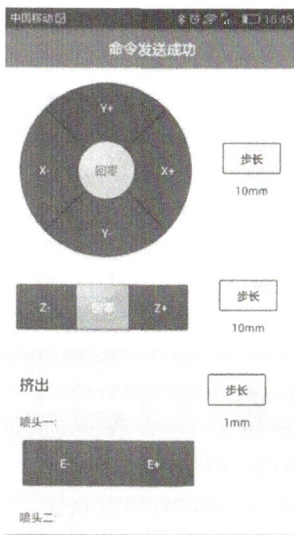

图 2-1-92 参数调试界面

X、Y、Z轴的移动距离（步长）分别设为 10mm、10mm 和 1mm，如图 2-1-93 所示。

图 2-1-93 移动距离设置

在调试界面，喷头"挤出"和"温度"的设置都有两个，如图 2-1-94 所示；此处示例建议热床温度改为默认值 100℃，这样用 PLA 和 ABS 材料打印比较好调节。

如图 2-1-95 所示，为实际调试过程，分别对喷头和热床进行设置。

2）监测打印情况。

远程监视内容包含：实时图片、打印进度、剩余时间、喷头温度、打印速度、热床温度。如图 2-1-96 所示，是测试魔猴盒子接线情况。

魔猴盒子可以从 APP 端监测，也可以从 PC 端监测。如图 2-1-97 所示，是 PC 端监测界面，在监测过程中也可实时进行参数的调整。

PROJECT 1

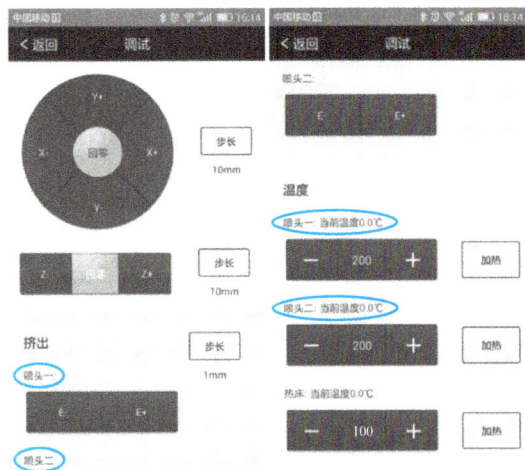

图 2-1-94　温度调试

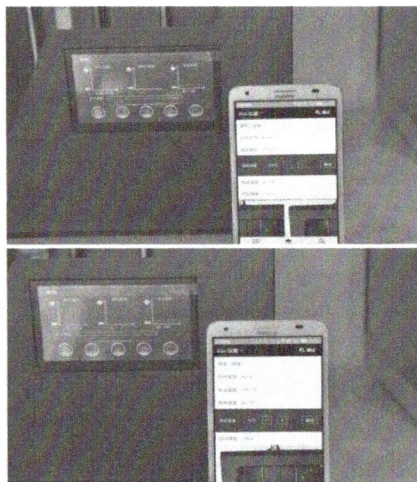

图 2-1-95　调试过程

图 2-1-96　测试魔猴盒子接线情况

图 2-1-97　PC端监测界面

　　如图 2-1-98 所示是"掌上 3D 打印"APP 监测过程，监测界面可显示喷头温度、热床温度、打印速度。

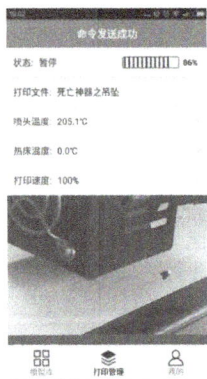

图 2-1-98　APP 监测界面与实际设备连接

　　模型打印完成后，APP 端会自动提示打印完成，如图 2-1-99 所示。

图 2-1-99　打印完成

三、辅助功能介绍

1）绑定、解绑盒子功能。

2）可打印从 QQ 接收到的 STL 文件：从 QQ 选择接收的文件，点击选择"其他应用"，选择"掌上 3D 打印"APP 打开，即可预览、打印。

3）根据系统语言，自动匹配中英双语显示。

4）打印帮助、引导功能。

5）支持断电续打。当断电后来电，用户可通过 APP 继续进行打印进程。

6）支持中途换料。打印中途可随时暂停打印，调换材料。

四、魔猴盒子的使用意义

1）魔猴盒子的使用使 3D 打印操作变得简单，使用门槛降低。比如它的模型库功能，手机远程监视与控制功能等。

2）魔猴盒子可以说是一个智能入口，它背后连接的是魔猴网的云计算服务体系。用户可以通过盒子管理打印机，使用魔猴网的各种在线工具，摆脱本地的烦琐操作。

客户通过魔猴盒子在云端上传模型数据，数据 3 分钟内就可发送到打印机上，随时工作，并将过程反馈给客户，客户可以随时监控打印过程。如果客户自己有设备的话，也可以作为服务节点，从而形成分布式制造的网络，对资源进行有效调配和调度。

任务5　MakerBot Replicator2 打印玩具枪手板模型实例

任务描述

使用 MakerBot Replicator2 3D 打印机打印某玩具枪手板模型，并使用魔猴盒子全程监控打印过程。

任务实施

一、调平

1. 调平的重要性

在实际打印中，打印平台的预先调平对整个打印过程十分重要。因为有时候模型打印完后，会紧紧地粘在打印平台上；或者，在模型打印一半的时候，模型底部和载物台出现翘边。这两种情况都是因为打印机平台没有预先调平。

针对第一种情况，模型紧紧地粘在打印平台上拿不下来，这种情况是由挤出头与打印平台的间隙过小导致的，间隙过小，喷头吐料的时候，会使模型粘在打印平台上，拿下来相当费劲。针对第二种情况，模型打印过程中出现了翘边，出现这种情况的原因有两个，一是喷头与打印平台的距离过大；二是打印平台不水平，平台每个点与喷头间的距离不一致。针对以上两种情况，解决方法都是重新对平台进行调平。

通常，每台机器都有自己的调平方法，有的机器是自动调平的，有的是需要手动调平的。不过，机器自动调平的时候，会有不尽人意或者不满足需求的情况出现，因此，这里推荐采用手动调平的方法来调整喷头与打印平台的距离。

2. 调平操作（以平台高度用弹簧调整的 3D 打印机为例）

1）打印平台的高度是由 Z 轴高度决定的，平台与打印头之间若不平行，可以通过调节打印平台底部的调平螺钉解决。如图 2-1-100 所示，弹簧的下方是螺母，旋转螺母，就可以对弹簧进行拉伸和压缩的操作，进而改变弹簧的长度，实现改变平台高度的目的。

2）将底板放在打印平台上。如图 2-1-101 所示，底板是放置打印模型的一块板子。有的底板是玻璃钢的，有的是塑料的，材质不一样，不过作用是相同的，都用来放置打印时的模型。

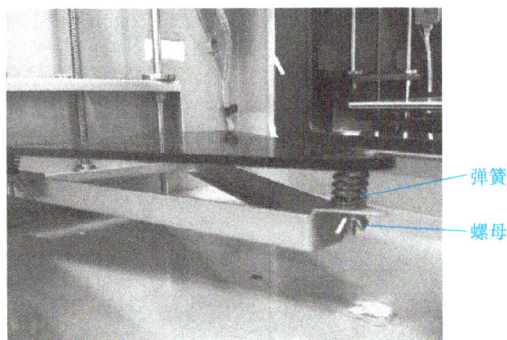

图 2-1-100　平台底部

图 2-1-101　底板

3）操作显示屏上的按键，选择 "Level Build Plate" 命令，打印平台自动上升，调整打印头的位置。"Level Build Plate" 命令，在不同版本的系统中，位置是不一样的。本书示例打印机中的固件版本中，它的位置是："Utilities"→"Level Build Plate"，选中这个命令，最后可以发现打印平台停止在如图 2-1-102 所示的位置。

操作过程中，显示屏上的信息如图 2-1-103 和图 2-1-104 所示。

4）调整打印平台，与打印头之间呈平行状态后，再按中间 "M" 键，执行如图 2-1-105 所示命令。平台水平调完之前，切不可按 "M" 键。

5）手动移动打印头，分别停止在平台上方三个位置，使打印头在平台上方三次停留的位置形成一个三角形面。通常选择如图 2-1-106 所示的位置，作为调平操作的选择位。具体操作如下：

图 2-1-102　打印平台上升

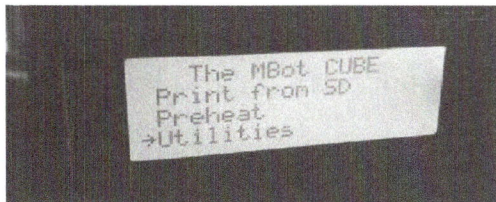

图 2-1-103 显示屏信息 1

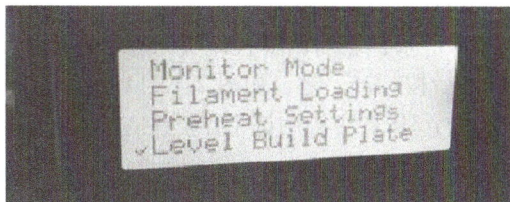

图 2-1-104 显示屏信息 2

按"M"键，执行完调平命令。将一张 A4 纸堆叠，形成双层。把打印平台手动按下去，然后把 A4 纸放在打印平台上（在打印头正下面）。然后重新执行"Level Build Plate"命令，打印平台自动上升，打印头自动移动，最后打印头停下来，这个时候，要保持双层的 A4 纸正好在打印头的正下方，被打印头压着，如图 2-1-107 所示。

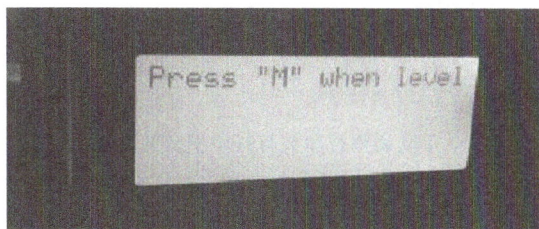

图 2-1-105 执行命令信息

图 2-1-106 调平操作的选择位

图 2-1-107 打印平台调试

手动移动打印头，把打印头移动到第一个位置，如图 2-1-108 所示，然后调整平台底部三个弹簧的长度，调节打印平台与打印头的距离，距离大小为 A4 纸能够顺畅自由拉出即可（要稍微有一点阻力，但不要有明显的阻力感，一般把 A4 纸抽出后能够看到打印头与平台间有不到 1mm 的距离，肉眼能看到）。

调整好第一个位置的距离之后，手动移动打印头，把打印头移动到第二个位置，如图 2-1-109 所示，手动调整打印头与平台的距离。

图 2-1-108 手动调整打印头与打印平台的距离（一）

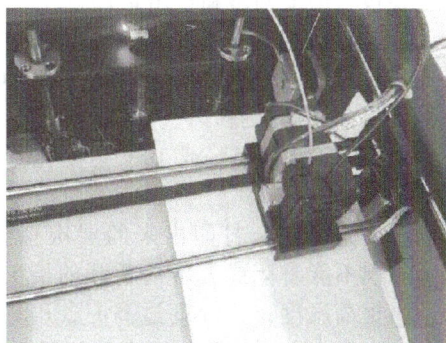

图 2-1-109 手动调整打印头与打印平台的距离（二）

1 PROJECT

53

调整好第二个位置的距离之后，手动移动打印头，把打印头移动到第三个位置，如图2-1-110 所示，手动调整打印头与打印平台的距离。

最后按"M"键，如图 2-1-111 所示，完成手动调平操作。调平达到打印要求之后，接下来要进行 3D 打印机调试工作。

图 2-1-110　手动调整打印头与打印平台的距离（三）

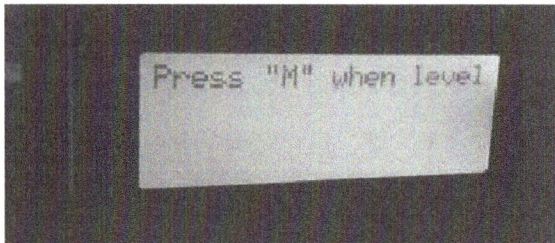

图 2-1-111　完成手动调平操作

二、调试

1. 准备

1）安装耗材：将 PLA 耗材的端头用剪刀剪成斜面（这样更容易穿入，而且受热融化更充分），然后依次穿过送丝机、四氟管、挤出头即可。

2）拧紧螺钉：检查所有的螺钉是否都已拧紧，尤其是送丝机的螺钉，螺钉松动可能会影响出丝。

3）润滑工作：打印机的各个轴的轴承需要大量黄油润滑剂来润滑，电机部分可以喷涂WD-40 来增加润滑。

2. 测试加热

首先进行挤出头加热测试，检测加热管工作是否顺利。选择"Heat"选项卡，选择"185℃（PLA）"，然后点击"Set"进行加热，等待温度升高（可以点击温度监视图放大观察）。温度升高到指定的 185℃之后维持一段观察时间，看看温度是否能够稳定在指定温度。

3. 测试送丝机

测试送丝机的工作情况，点击"Extrude"按钮（"Reverse"按钮为抽回），观察是否有细丝从挤出头挤出。需要注意的是，此时不要停止加热。如果送丝电机反转，需要将送丝电机在 RAMPS 板上的插头反接。同时也要及时清理喷头，不要让吐丝聚集在喷头周围，以免造成调平误差。

4. 打印调试

最初打印时，打印质量都会比较差，这时可以通过调整打印参数来使打印机达到最佳状态，主要包括温度调整和挤出量调整。

（1）温度　以打印薄片模型为例，对于 PLA材料而言，适合的打印温度在 185~210℃之间，可以采用二分法尝试打印，直到获得满意的效果为止。调整时一般以 5℃或 10℃为变化量（如图2-1-112 所示）。

当温度过低时，打印出来的层次感会更强，甚至会出现不能着床或者熔丝断开的情况，这时

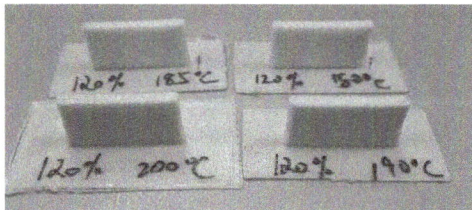

图 2-1-112　温度调整

可以适当提高温度；当温度过高时，PLA 会发出噼啪声，打印出来的模型表面呈现颗粒感，这将在一定程度上缓解层与层之间的层次感，所以建议一般使用较高的温度。

（2）挤出量　如图 2-1-113 所示，可以明显看到，挤出量不足时，会出现空隙；挤出量过

大时，材料将会鼓出。所以建议选择打印面既无空隙又平整的挤出量作为合适值。

除了温度和挤出量的调整，回抽参数也需要进行考虑（并非必须）。对于立柱较多的模型，由于打印头在立柱之间移动的时候，不能很好地控制液体流出，于是"拉丝"现象成为打印立柱模型的普遍问题，这就十分考验打印质量。要解决这个问题，可以加大

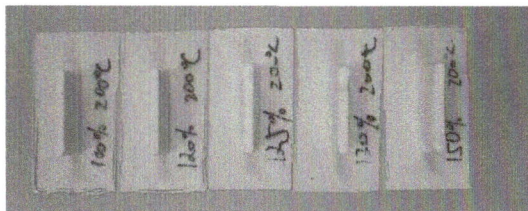

图 2-1-113　挤出量调整

回抽速度和距离。例如，打印双立柱模型，如图 2-1-114 所示，就十分考验挤丝电机和快接头，回抽过大将使得电机或快接头报废，所以需要谨慎处理回抽参数。

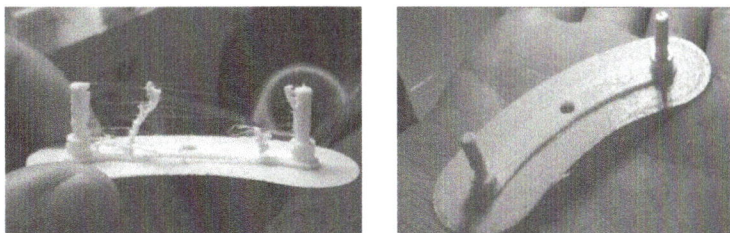

图 2-1-114　双立柱模型打印

完成上述调试工作之后，3D 打印机即可开始打印，但此时要先对模型文件进行切片处理。

三、切片文件设置

1. 模型前期处理

打印模型时需要考虑模型与平台之间的相对大小关系，本任务打印一把 1m 长的玩具枪模型，而 MakerBot 打印机的最大打印尺寸为 250mm×150mm×200mm（X、Y、Z），就需要用到切片软件对模型进行切割。介绍用 Magics 软件对模型进行切割的步骤如下：

1）导入模型。首先将玩具枪模型导入 Magics 软件，步骤如图 2-1-115 和图 2-1-116 所示。

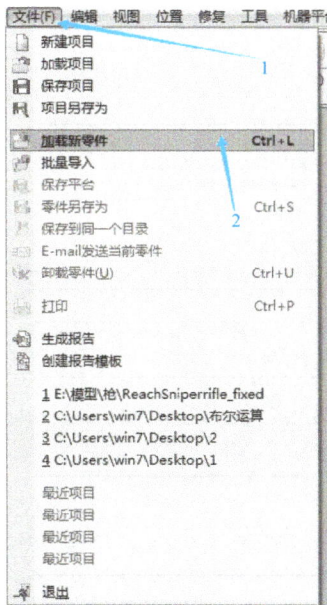

图 2-1-115　将模型导入 Magics 软件

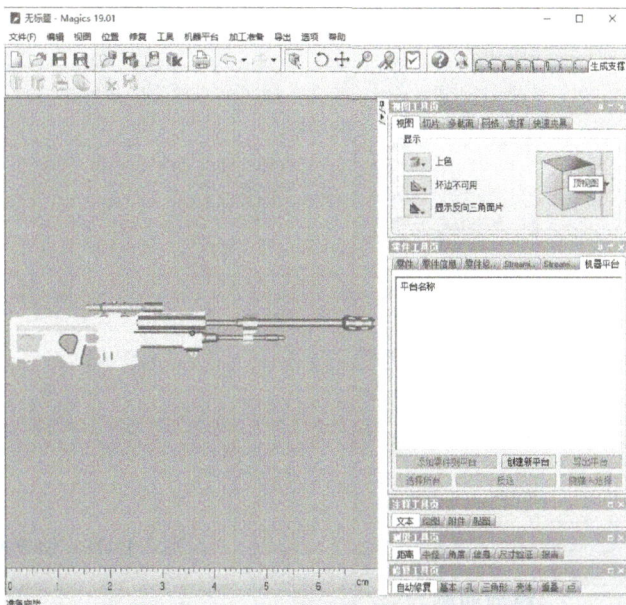

图 2-1-116　模型预览

1

PROJECT

2）调整模型尺寸。导入模型后，查看模型的尺寸，并将模型的长度调整为1m。点击"视图"工具栏里面的"查看零件尺寸"命令，如图2-1-117所示。

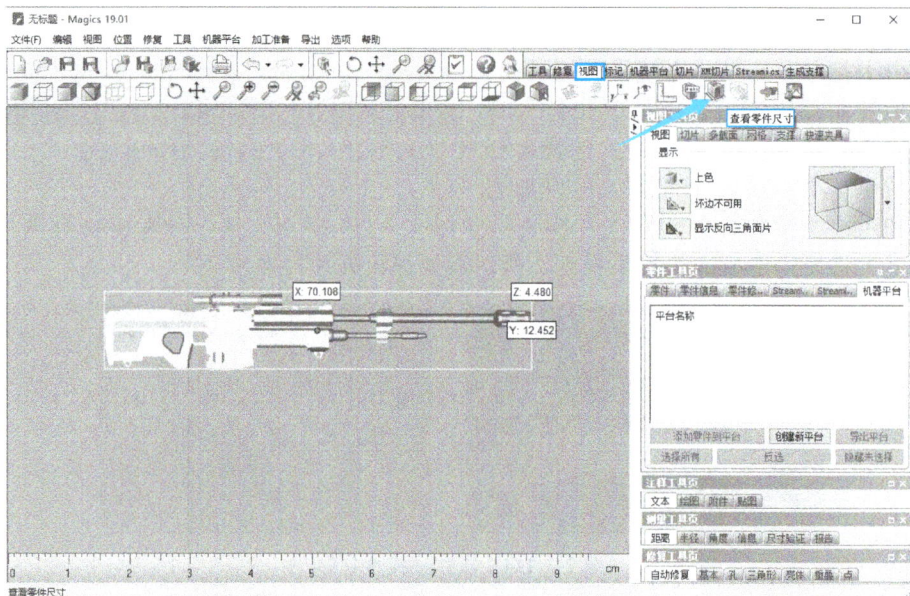

图2-1-117　查看模型尺寸

然后选择"位置"菜单里面的"缩放"命令，如图2-1-118所示。在弹出的"零件缩放"对话框，调整模型的尺寸，如图2-1-119所示。

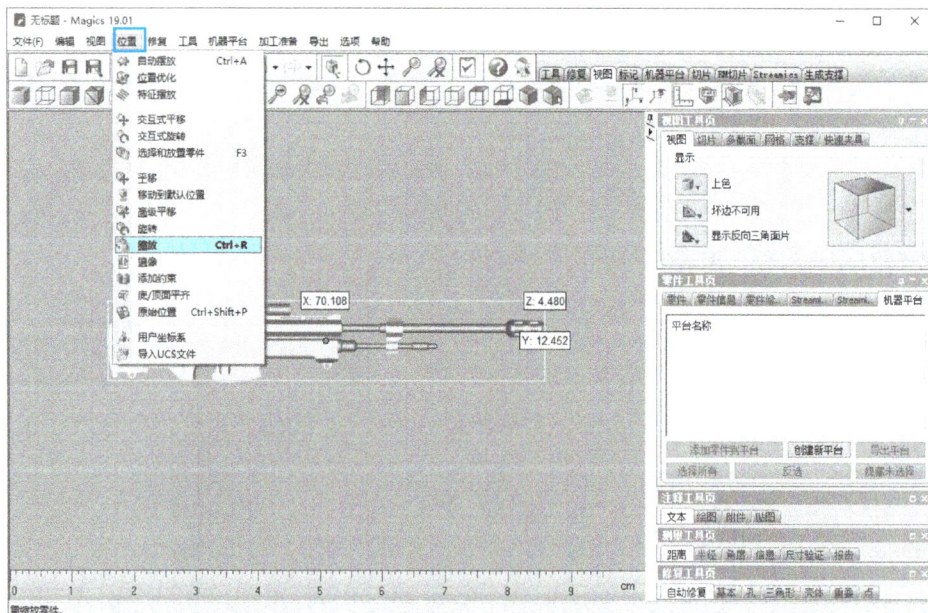

图2-1-118　缩放模型

2. 模型切割

调整完模型的尺寸后，接下来就需要调整模型位置。

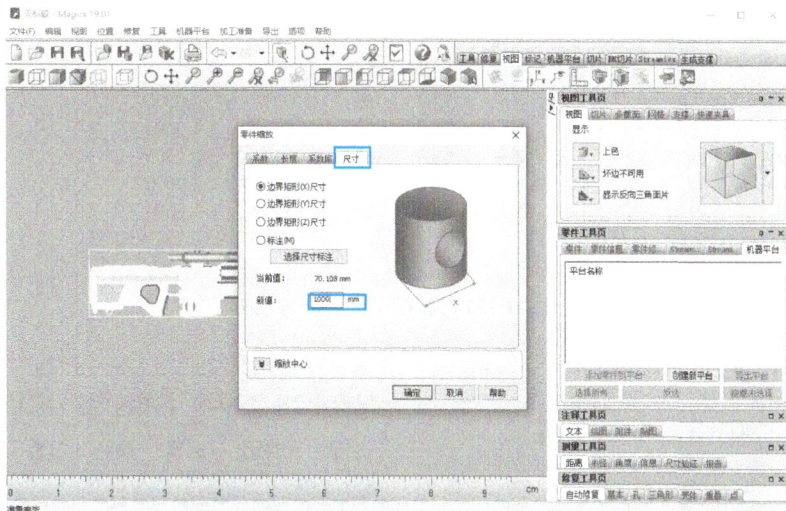

图 2-1-119　调整模型尺寸

1）首先选中模型，将模型调整到原点处。如图 2-1-120 所示，先选择"平移"命令，然后在弹出的"零件平移"对话框中选择"绝对值"选项卡，接着将"X""Y""Z"后面的数值全部输入"0"，最后点击"确定"，即可将模型调整到原点处。

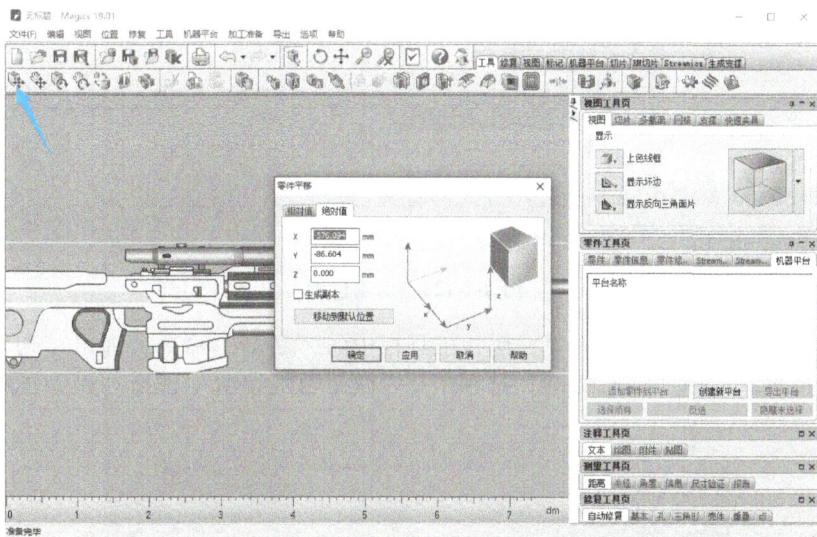

图 2-1-120　选中模型并调整

2）调整模型位置后，需要将模型切割成多个适合打印机打印的部分。观察模型，可看到模型放大后，X 方向的尺寸较大，所以可在 X 方向进行切割。在"视图工具页"中选择"多截面"选项卡，再勾选"X"前面的复选框，如图 2-1-121 所示。

选择切割方向后，再调整切割的位置。如图 2-1-122 所示，改变勾选的"x"截面的"位置"的数值大小（箭头 1），也可以拖动"视图工具页"下方的进度条（箭头 2），即可对切割位置进行调整。

初步设置切割位置数值如图 2-1-123 所示，模型上的位置如图 2-1-124 所示。

图 2-1-121　选择 "X" 切割方向

图 2-1-122　调整切割位置

图 2-1-123　切割位置数值设置

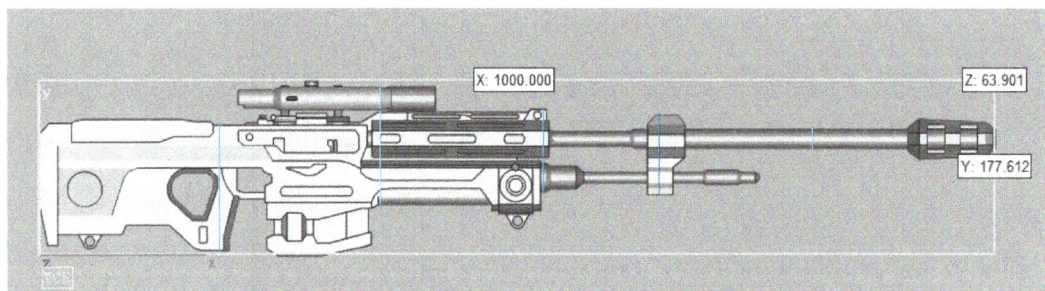

图 2-1-124　切割位置

3）调整好切割位置后，选择 "工具" 工具栏中的 "切割" 命令，弹出 "切割" 对话框，如图 2-1-125 所示。选择 "截面切割" 选项卡，"截面切割类型" 选择 "销型连接切割"，设

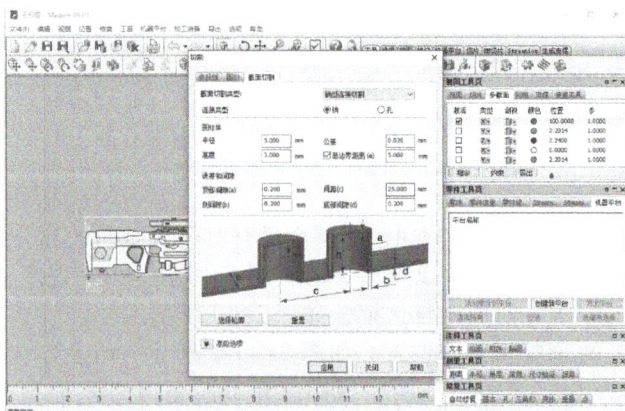

图 2-1-125　截面切割类型及参数设置

置"圆柱体"的半径、高度，这里都设置成 3mm；"离边界距离"不能太大也不能太小，根据模型的大小来设置，这里设置成 5mm；"间距"是指每生成一个销的间隔距离，不宜过小，设置成 25mm。

4）如图 2-1-126 所示，设置完截面切割参数，然后点击"选择轮廓"命令，选择切割位置，再点击"应用"按钮，即可完成切割。需要注意的是，每次切割时只允许选取一个截面。

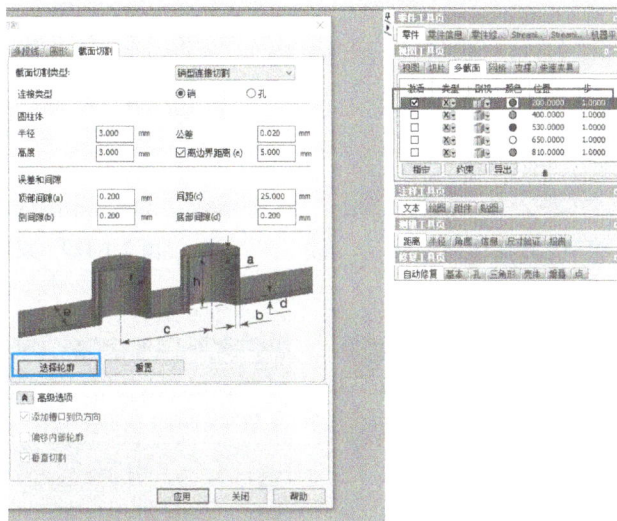

图 2-1-126 切割模型

依次完成切割后，即可得到如图 2-1-127 所示的 6 块模型。

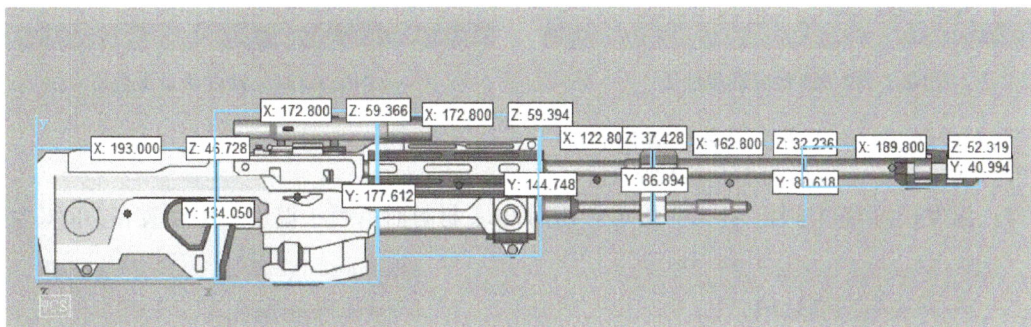

图 2-1-127 切割后的模型

5）切割完成后，保存模型。选择"文件"菜单中的"零件另存为"，将模型命名并保存，如图 2-1-128 所示。

3. 模型切片打印

模型切割保存后，接下来就需要依次对模型的每个部件进行切片。MakerWare 是 MakerBot 打印机的切片软件，也适用于闪铸等使用 MakerBot 主板的机型。其操作简单，功能完善，非常适合初学者使用；它能生成 .x3g 格式的切片文件，只要打印机支持此格式，就能用它来切片。

导入模型并设置打印参数，如图 2-1-129 ~ 图 2-1-131 所示，是切片过程中的一些参数设置图。

图 2-1-128　模型文件保存

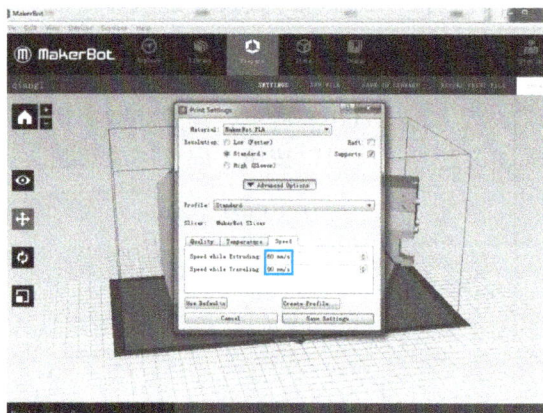

图 2-1-129　设置打印速度

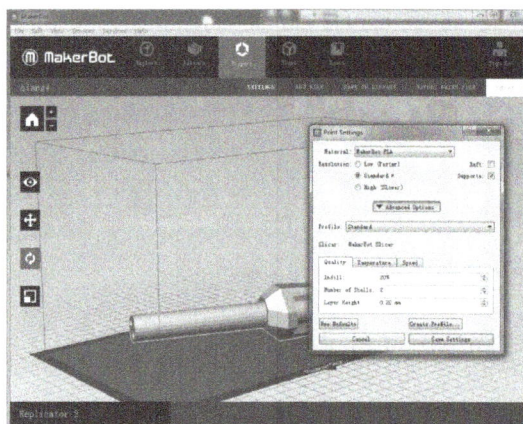

图 2-1-130　设置质量参数 1

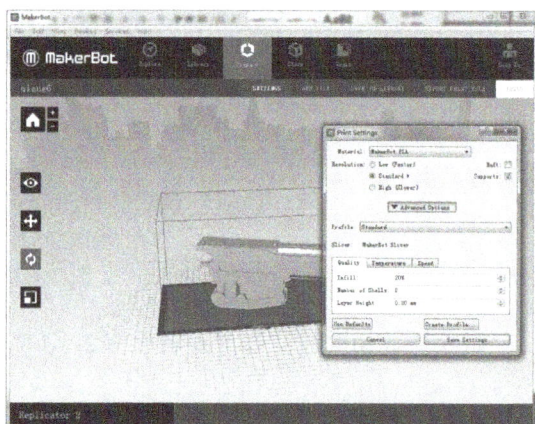

图 2-1-131　设置质量参数 2

下面详细介绍一下各个参数设置内容。

1）质量设置窗口如图 2-1-132 所示。

2）温度设置窗口如图 2-1-133 所示。使用 PLA 材料时，喷头温度一般设置在 200℃左右。

图 2-1-132　打印质量设置窗口

图 2-1-133　打印温度设置窗口

3）速度设置窗口如图 2-1-134 所示。速度太快会影响精度和稳定性，超出最大速度可能会导致模型无法成型；速度太慢会很浪费时间，所以设置速度时要根据打印机性能谨慎选择。

各项参数设置好后，点击"EXPORT PRINT FILE"，软件就会开始对模型进行切片，如图 2-1-135 所示。

当切片进度条走完后，可在窗口中查看打印成品的各项信息，包括打印耗时和耗材质量等信息，如图 2-1-136 所示。

可以点击"Print Preview"观看打印预览。打印预览中，左侧数值显示的是总层数，通过调节滑块，可以观察各层情况。预览没问题后，回到"Export"对话框，点击"Export Now"，将 .x3g 格式切片文件保存到 SD 卡中，准备打印，也可使用魔猴盒子辅助打印。

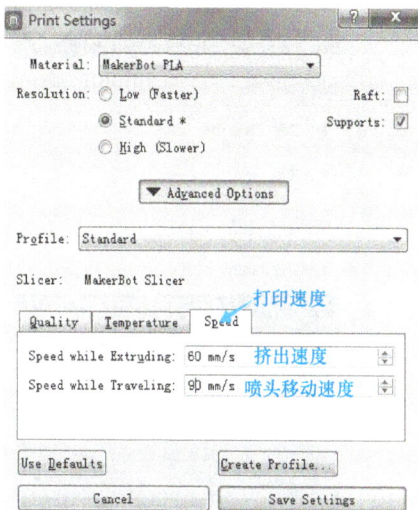

图 2-1-134　打印速度设置窗口

图 2-1-135　开始切片

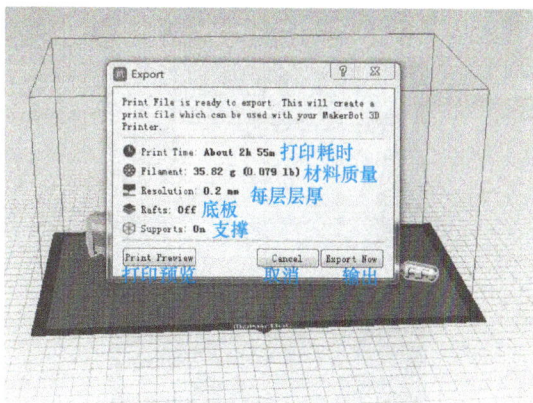

图 2-1-136　打印成品信息

四、魔猴盒子监控打印

1. 魔猴盒子监控功能

切片完成后，就可以开始打印模型。如图 2-1-137 所示为魔猴盒子监控打印画面。

开始打印后，盒子可实现：

1）远程控制打印机。基本功能包括：开始打印、结束打印、暂停打印。点击图 2-1-137 所示右上角暂停、停止按钮即可实现打印开始、暂停、停止。远程监控还包含实时图片、打印进度、打印状态等信息展示。

2）随时调整设置 3D 打印机参数。如图 2-1-138 所示是魔猴盒子监测界面，显示有喷头温度、热床温度、打印速度，这些参数在打印过程中可调整。

3）打印完成后，会自动提示打印完成。

2. 打印过程

如图 2-1-139 和图 2-1-140 所示，是模型打印过程中的一些画面。模型打印完成后，由于精度的需求，还需要对打印好的模型进行后期处理。

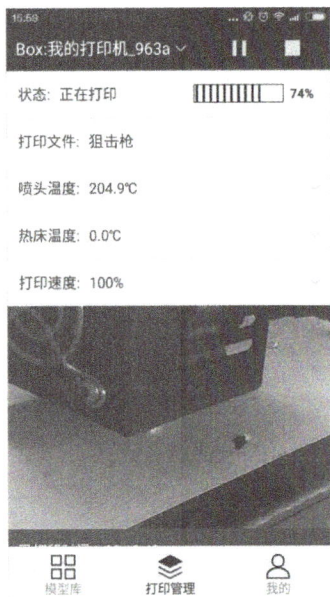

图 2-1-137　魔猴盒子远程监控

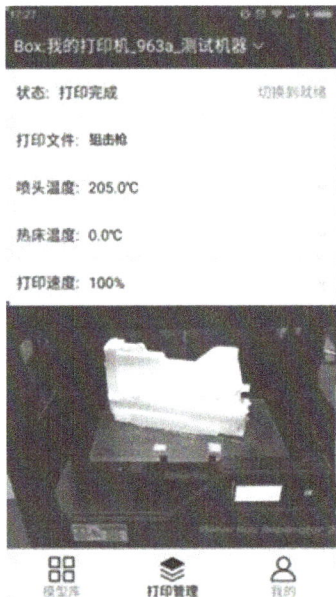

图 2-1-138　魔猴盒子功能

图 2-1-139　打印中

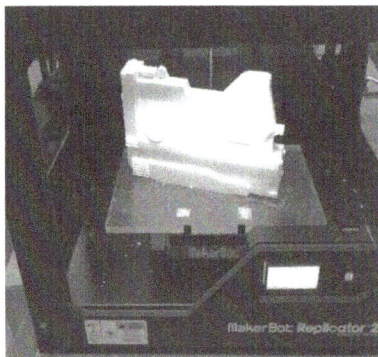

图 2-1-140　打印结束

五、模型后期处理与模型打印实例

（一）模型后期处理

1. 去除支撑

一般来说，3D 打印的过程中，打印模型时需要添加支撑，等到成型后再拆除。如果支撑的材料是水溶性的，打印完毕后可以用水或者水溶液浸泡，把支撑材料去除。如果支撑的材料是 PLA 材料，可以直接使用酒精或者 PLA 溶解剂去除掉表面附着的较强支撑，然后用物理工具处理掉细小的附着部分，如图 2-1-141 所示的打印模型的支撑就是 PLA 材料，可以直接使用物理手段去除支撑，即用镊子、小刀等工具去除模型的支撑。

2. 打磨上色

3D 打印方式是线性层层堆叠的，在打印过程中会产生模型原型和模型支撑，模型表面也会出现环形纹理，因此，需要对打印出的模型进行和打磨上色。

PLA 机械性能及物理性能良好，拥有良好的光泽性和透明度，具有最良好的抗拉强度及延展度。PLA 材料加工温度是 200℃左右，收缩率和熔体强度较低，在打印较大尺寸的模型时不易收缩变形，易塑形，表面光泽性较好。在了解 PLA 材料熔体强度低，温度达到 200℃ 会液化的情况下，打磨时不宜使用过高温度，需合理控制打磨头与模型之间的摩擦力度，选择不同的打磨方式会有不同的效果。

在打磨上色过程中，所需要的打磨上色工具如图 2-1-142 所示。

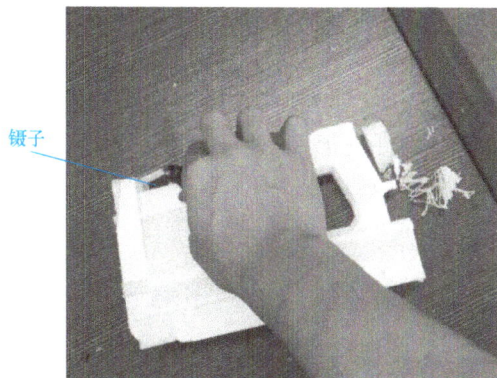

图 2-1-141　去除支撑

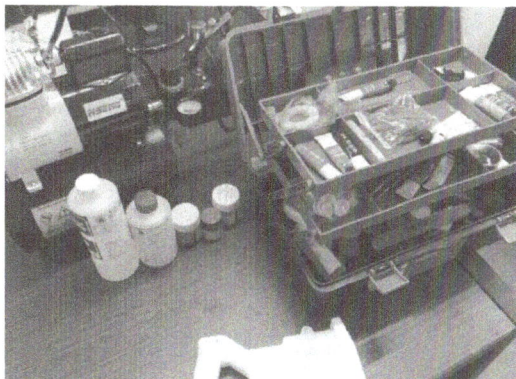

图 2-1-142　打磨上色工具

如图 2-1-143 和图 2-1-144 所示的是打磨上色示例，完成后期处理之后，模型打印工作就算完成了。

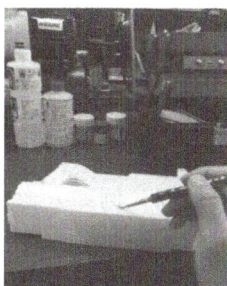

图 2-1-143　刻画细节

图 2-1-144　开始上色

（二）模型打印实例

如图 2-1-145 和图 2-1-146 所示是使用 MakerBot Replicator2 3D 打印机打印的玩具枪手板模型实物图。至此，MakerBot Replicator2 3D 打印机打印模型以及后期处理工作全部完成。

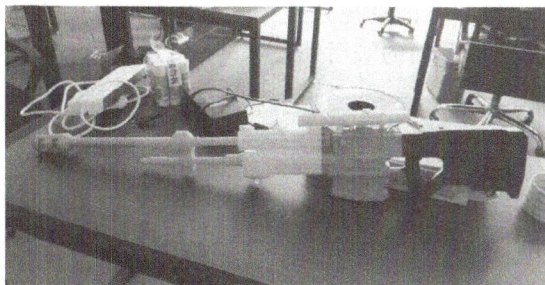

图 2-1-145　经后期处理的玩具枪手板模型

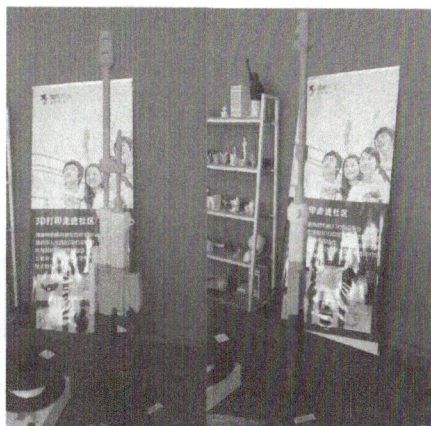

图 2-1-146　玩具枪实例

任务6   3D打印产品后期处理工艺

🔄 任务描述

有一种误解，认为3D打印无法像传统制造技术那样制造出具有光滑表面的零部件，但其实有多种后处理技术可以解决这样的顾虑，并被广泛使用。举例来说，Stratasys公司下属的RedEye公司，是目前世界上最大的3D打印服务供应商之一，就拥有多种技术手段能够对基于FDM和PolyJet（喷射技术）的3D打印设备制造的零部件进行后处理服务。

本任务需完成玩具枪手板模型去支撑、打磨等基本后处理过程，从而了解和学习3D打印产品后期处理工艺及技巧。

🔄 任务实施

一、基本打磨工具及方法

1. 打磨类别及工具

由于PLA的特性，不宜采用化学溶剂进行抛光处理。这里主要采用打磨抛光的方法进行处理，其方式分为手工打磨与电动打磨。

手工打磨工具包括：普通什锦锉刀（3~4mm）、异形锉刀、雕刻刀、砂纸（P180~P1500）、模型胶水、石膏粉、打磨膏、AB塑形模型补土、模型底漆、油泥、镊子、灰尘刷、清水等。

常用工具外形及用途如下：

1）圆形圈锉刀如图2-1-147所示。主要对曲面、面积小的地方有很好的打磨作用，例如人像模型的五官和手臂内侧及手指缝隙处。

2）圆形弯曲锉刀1如图2-1-148所示。主要用于大曲面的处理，例如人像模型衣服的大皱褶及腿部处理。

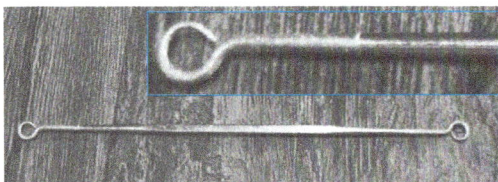

图 2-1-147   圆形圈锉刀

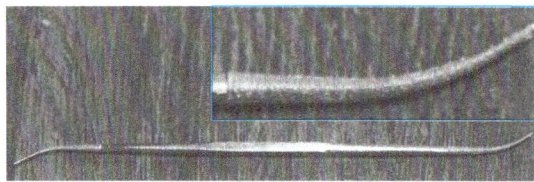

图 2-1-148   圆形弯曲锉刀 1

3）圆形弯曲锉刀2如图2-1-149所示。主要用于小曲面的处理，例如人像模型衣服内侧的皱褶及凹陷处的处理。

4）方形弯曲锉刀如图2-1-150所示。主要用于统一性的纹理处理，模型带有明显的直角面和一些凸面时打磨处理较为便捷。例如人像模型衣服凸面的皱褶处理。

图 2-1-149   圆形弯曲锉刀 2

图 2-1-150   方形弯曲锉刀

5）三角形弯曲锉刀如图 2-1-151 所示。主要用于细小面积刻线的修正及模型联合处的凹线处理，例如人像模型眼睛的处理和手臂与身体连接处的处理。

6）单面弧形弯曲锉刀如图 2-1-152 所示。主要用于比较大的凹凸面的曲面处理，例如人像模型大面积的皮肤处理。

图 2-1-151　三角形弯曲锉刀

图 2-1-152　单面弧形弯曲锉刀

7）方形弯曲方头锉刀如图 2-1-153 所示。主要用于比较大的凹凸面的曲面，且体块感明显变化较少的地方处理。例如人像模型大面积的皮肤调整。

8）什锦圆形锉刀如图 2-1-154 所示。什锦锉刀对材料的摩擦较大，适用于对模型的大面积表面进行初次打磨。

图 2-1-153　方形弯曲方头锉刀

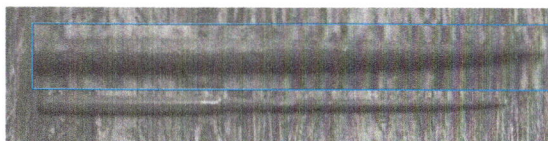

图 2-1-154　什锦圆形锉刀

9）刻刀如图 2-1-155 所示。主要用于支撑处理及表面比较粗糙的处理。

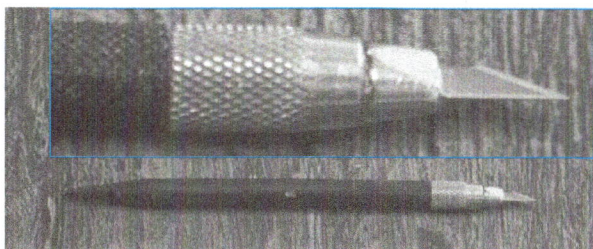

图 2-1-155　刻刀

10）模型钳如图 2-1-156 所示。主要用于模型支撑及凸出部分的去除。

2. 砂纸打磨的方法

目前常用的砂纸目数在 180~1500 的范围内，如图 2-1-157 所示即为镊子卷砂纸使用图片。

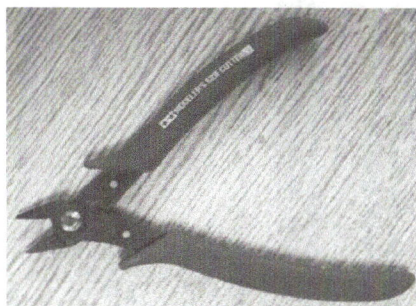

图 2-1-156　模型钳

图 2-1-157　砂纸使用

1 PROJECT

65

砂纸的使用注意事项：

1）一般手工调整模型的表面粗糙度，一开始先采用粗砂（P180~P600）进行打磨，依次增大砂纸目数，P1500是非常细的砂纸，根据不同情况使用不同的砂纸。

2）砂纸的类型，一般分为水砂纸、普通砂纸和鳞片砂纸。水砂纸手感比较软薄，结合水使用，在打磨时效果理想，适用于大面积和小面积打磨。用水砂纸打磨表面，细腻、光滑感强，砂纸耐用，打磨效率高。

相对水砂纸，普通砂纸质地较厚，适用于大面积打磨，加大摩擦力具有很好的打磨效果。但表面的光滑感弱，砂纸不耐用，更换频率高。

鳞片砂纸是比较特殊的砂纸，它是针对塑料材质、模型抛光而生产的砂纸，目数偏高，一般是属于细砂类的，最后抛光时比较适用。

3）根据打印模型材料，用砂纸打磨，尽量结合水打磨，以降低打磨时产生的高温，避免模型表面脱层，同时需要清洗灰尘以便更好地处理模型。

4）对于细节打磨，手指打磨不到的地方，可以借助镊子卷起砂纸进行打磨。

5）为了更好地节省砂纸的用量，可以把一整张砂纸裁成小块，增加使用率。

二、去除支撑

采用逐层堆叠方式成型的3D打印技术打印模型，有些模型的打印为了保持平衡是需要支撑结构的，当3D打印机完成打印后，需要将这些支撑结构去除，而不影响模型。

一般情况下，支撑结构使用的材料与模型的材料是不同的，它采用的是容易去除的特殊材料。目前，市面上3D打印中比较容易去除的支撑材料有：可溶于水的凝胶状支撑材料、可溶于碱性溶液的支撑材料、可溶于酒精的支撑材料等。采用这些特殊材料作为支撑结构的3D打印模型，只需要把模型放入水、碱性溶液或者酒精等特定溶液中，就可以自行脱掉支撑了，但一般这些支撑材料要比模型的材料贵一些。

如果没有使用这些特殊材料制做支撑，那就只能借助刀具、钳子等工具人工去除了，处理的时候要特别小心，以免损坏模型，毛边可以通过打磨抛光进一步处理。

三、其他后期处理技巧

1. 丙酮抛光

利用ABS溶于丙酮的特性，可用丙酮蒸汽熏蒸ABS材料的3D模型，对模型实现抛光。使用丙酮抛光最需要注意的是安全问题，丙酮有毒性、易燃、易爆、有刺激性，使用丙酮抛光需要在良好的通风环境下，并佩戴防毒面具等安全装备。如图2-1-158所示，是使用丙酮抛

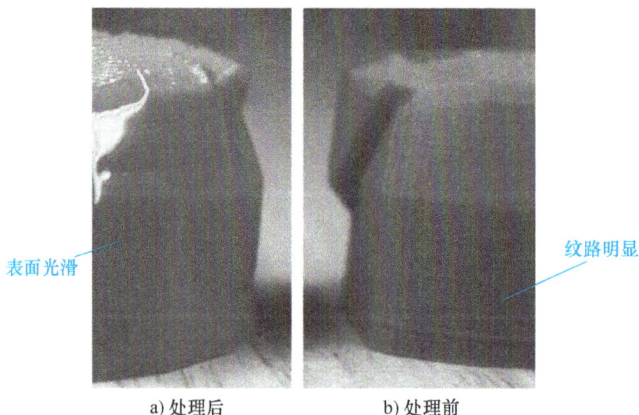

表面光滑　　　　　　　　　　　　　　　纹路明显

a）处理后　　　　　　b）处理前

图 2-1-158　处理后的效果比较

光处理前后的"狗头"模型效果比较图。

使用丙酮抛光时，要制作一个光滑的密闭空间，需要准备：一个适中的容器、卫生纸、锡箔纸、丙酮等。卫生纸用来垫丙酮，让其能够更均匀分布。锡箔纸是用于避免成品直接和丙酮接触。加工完成的时间由容器大小、成品大小以及丙酮量决定。这种处理需要多次测试，所以比较高效的做法是多打印几个测试用的副本，进行分组测试，以了解怎样的比例最适合。需要注意的是，只有 ABS 耗材适用以上程序。

用图 2-1-158 所示抛光过的成品提示一下上面提到的打印问题。即使在抛光后，调整角度还是可以看见模型表面的凹凸纹理。如图 2-1-159 所示，放置在左边的"狗头"模型，虽然垂直面摸起来已经完全光滑，但还是看得出层次感，且在斜面处更是非常显眼。

2. 珠光处理

第二个最常用的后处理工艺就是珠光处理（Bead Blasting）。珠光处理是手持喷嘴，朝着抛光对象高速喷射介质小珠，从而达到抛光的效果。珠光处理一般比较快，约 5~10min 即可处理完成，处理后产品表面光滑，比打磨的效果要好，而且根据材料不同还有不同的效果。如图 2-1-160 所示就是珠光处理过程。

图 2-1-159 "狗头"模型成品对比图

图 2-1-160 珠光处理

珠光处理比较灵活，可用于大多数 FDM 材料。它可用于产品开发到制造的各个阶段，从原型设计到生产都能使用。珠光处理喷射的介质通常是很小的塑料颗粒，一般是经过精细研磨的热塑性颗粒。据了解，RedEye 公司最常采用这些热塑性的塑料珠，因为它们比较耐用，并且能够针对模型轻微到严重的磨损范围进行喷涂。此外，用小苏打进行珠光处理也很好，因为它不是太硬，但它可能比塑料珠更难清洁。

珠光处理也有缺点，一是价格昂贵，二是处理对象的尺寸有限。

珠光处理一般是在一个密闭的腔室里进行的，它能处理的对象是有尺寸限制的。在 RedEye 公司产品中，能够处理的最大零部件的大小为 24in×32in×32in。三是整个过程需要用手拿着喷嘴，一次只能处理一个，效率较低因此并不能规模应用。

珠光处理还可以为对象零部件的上漆、涂层和镀层等后续工艺做准备，这些涂层处理通常用于强度更高的高性能材料。

3. 蒸汽平滑

第三个最常用的后处理工艺是蒸汽平滑（Vapor Smoothing）。将 3D 打印零部件浸渍在蒸汽罐里，其底部有已经达到沸点的液体，蒸汽上升就可以融化零件表面约 2μm 左右厚度的一层材料，几秒钟内就能把零件变得光滑闪亮，如图 2-1-161 所示即为蒸汽平滑处理图。

1

PROJECT

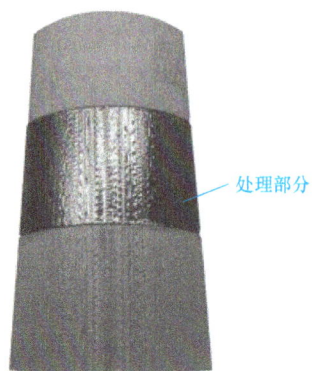

处理部分

图 2-1-161　蒸汽平滑处理

　　蒸汽平滑技术被广泛应用于消费电子、原型制作和医疗，该方法不显著影响零件的精度。其缺点与珠光处理相似，蒸汽平滑处理零件也有尺寸限制，一般最大可处理零件尺寸为 3in×2in×3in。另外，蒸汽平滑可对 ABS 和 ABS-M30 等材料进行处理，这些是常见的耐用热塑性塑料。

1

PROJECT

项目二 游戏模型3D打印

任务1　了解 UPBox 3D 打印机

任务描述

UPBox 是全球首款专业级桌面机，具有完全自动的平台校准功能、内置空气过滤系统、智能支撑生成功能及功能强大又容易使用的配套软件。本任务将结合其原理知识，详细介绍 UPBox 3D 打印机的工作原理、机械结构、控制系统以及适用材料等。

任务实施

一、UPBox 3D 打印机机械结构及原理介绍

近年来，随着对桌面3D打印机机体创新设计的研究，开放式桌面3D打印机正逐渐被封闭式桌面3D打印机所取代，在使用封闭式桌面3D打印机时，需先将耗材穿过机壳引入3D打印机内部，这种机型整体外观简洁美观，结构设计科学合理。如图2-2-1所示，即 UPBox 3D 打印机设备图。

图 2-2-1　UPBox 3D 打印机

（一）UPBox 3D 打印机机械结构

机械结构	机身	全封闭式，塑料外壳加金属骨架
	整机重量	20KG/44LB
	机身尺寸	485（W）×520（H）×495（D）mm

UPBox 3D 打印机的内部结构如图2-2-2所示，最上面是 X 轴、Y 轴，X 轴与 Y 轴是水平面内互相垂直的，使打印喷头前后、左右运动；Z 轴是垂直的，可使打印喷头上下移动。下面

主要部件有打印平台、喷嘴高度检测器、LED 指示灯，还包括空气过滤器和一些零件。图 2-2-3 所示为打印机头座及打印机头的结构图，打印机头座主要包括磁铁、自动调平探头、打印头锁紧螺钉等零件；打印机头主要包括风扇、喷嘴、通风导管、风速操作杆等零件。

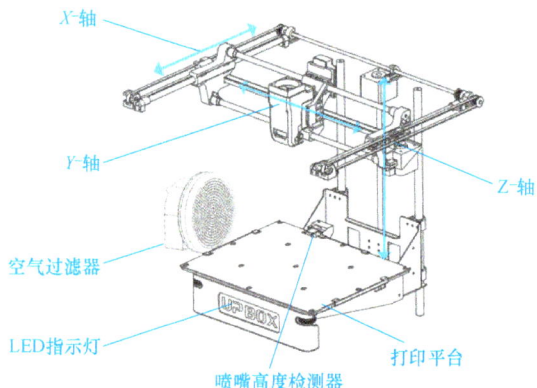

图 2-2-2　打印机内部结构

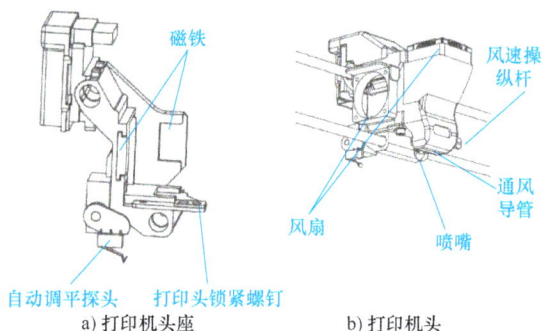

a) 打印机头座　　　　b) 打印机头

图 2-2-3　打印机结构

该打印机不仅满足了用户对成型空间、精度和速度等基础要素的要求，还推出四项创新：①无须配件的全自动调平和喷头测高，校准过程中无需人为干预；②内置的空气净化系统，机身内配有降低烟气和打印气味的空气过滤器；③显示打印状态的呼吸指示灯，可以实时显示 UPBox 初始化、打印中、暂停、出错等多种运行状态；④封闭式的成型空间保证了温度的稳定性，配合 ABS 打印模型，使模型更好地粘合在平台上，有效解决打印大件模型时"翘边"的问题。

（二）UPBox 3D 打印机原理介绍

UPBox 3D 打印机属于 FDM 技术，它的成型原理是：高温将材料融化成液态，通过打印头挤出，最后在立体空间中固化沉积，形成立体实物。该打印机主要使用 PLA 或 ABS 耗材，操作流程大概为：1）将三维模型保存成 .stl /.up3/.upp 格式；2）然后使用切片软件，将保存的 .stl/.up3/.upp 格式文件模型转换为 UPBox 3D 打印机可以使用的代码，再通过 USB 接口或者 SD 卡传递给 3D 打印机；3）最后，UPBox 3D 打印机通过加热耗材，并由喷头喷出，一层一层地沉积成型。

在 3D 打印时，通过计算机辅助设计（CAD）软件完成一系列模型数字切片，这些切片的信息会被传送到 3D 打印机上，后者会将连续的薄型层面堆叠起来，直到一个固态物体成型。

二、UPBox 3D 打印机控制系统介绍

在这个强大的机器中，控制系统如同"心脏"，可谓是举足轻重。UPBox 的主板特别优化了控制系统，充分考虑稳定性、散热性、易用性。设计之初，考虑到用户的个人需求，以不同颜色来区分不同的接口，并使用 XH 连接器，防止反插。配有 5 个电机驱动，支持大功率预热。

三、UPBox 3D 打印机使用材料介绍

1. ABS

ABS 是丙烯腈、丁二烯和苯乙烯的三元共聚物，"A"代表丙烯腈，"B"代表丁二烯，"S"代表苯乙烯；英文全称为 acrylonitrile-butadiene-styrenecopolymer，简称"ABS"。ABS 通常为浅黄色或乳白色的粒料非结晶性树脂，如图 2-2-4 所示。大部分 ABS 是无毒的，不透水，但略透水蒸气；吸水率低，室温浸水一年吸水率不超过 1%，而物理性能不发生变化。

ABS 工程塑料一般是不透明的，无毒、无味，兼有韧、硬、刚的特性；燃烧缓慢，火焰呈黄色，有黑烟，燃烧后塑料软化、烧焦，散发出特殊的肉桂气味，但无熔融滴落现象。ABS 塑料树脂是目前产量最大、应用最广泛的聚合物，所含三种成分赋予了其很好的性能：丙烯

腈赋予 ABS 树脂化学稳定性、耐油性、一定的刚度和硬度；丁二烯使其韧性、抗冲击性和耐寒性有所提高；苯乙烯使其具有良好的介电性能，并呈现良好的加工性。

ABS 具有优良的综合物理和机械性能、极好的低温抗冲击性能，尺寸稳定性，且介电性能、耐磨性、耐化学药品性、染色性、成品加工性和机械加工性较好。ABS 树脂制品表面可以抛光，能得到高光泽度的制品。ABS 树脂耐水、无机盐、碱和酸类，不溶于大部分醇类和烃类溶剂，而容易溶于醛、酮、酯和某些氯代烃中。ABS 树脂热变形温度低、可燃，耐候性较差；熔融温度在 217~237℃ 范围内，热分解温度在 250℃ 以上。

图 2-2-4　ABS 树脂

ABS 树脂是五大合成树脂之一，其抗冲击性、耐热性、耐低温性、耐化学药品性及电气性能优良，还具有易加工、制品尺寸稳定、表面光泽性好等特点，容易涂装、着色。还可以进行表面喷镀金属、电镀、焊接、热压和粘接等二次加工。ABS 广泛应用于机械、汽车、电子电器、仪器仪表、纺织和建筑等工业领域，是一种用途极广的热塑性工程塑料。

2. PLA

PLA 作为新型生物降解材料，同时具有最良好的抗拉强度及延展度，物理性能良好，应用广泛，常用 PLA 材料如图 2-2-5 所示。

PLA 除了具有生物可降解塑料的基本特性外，还具备自身独特的特性。传统生物可降解塑料的强度、透明度及对气候变化的抵抗能力皆不如一般的塑料。PLA 和石化合成塑料的基本物性类似，也就是说，它可以广泛地用来制造各种应用产品，同时拥有良好的光泽性和透明度，这是其他生物可降解产品无法提供的。

图 2-2-5　PLA 材料

PLA 的热稳定性好，加工温度 170~230℃，具有良好的抗溶剂性。由 PLA 制成的产品除能生物降解外，生物相容性、光泽度、透明性、手感和耐热性均好，还具有一定的耐菌性、阻燃性和抗紫外线性，还具有良好的光泽度和加工性能，因此用途十分广泛，PLA 可用于制作包装材料、纤维和非织造物等，目前主要用于服装（内衣、外衣）、建筑、农业、林业、造纸等领域。此外，PLA 的相容性与可降解性良好，在医药领域应用也非常广泛。

任务 2　掌握 UPBox 3D 打印机的操作

任务描述

了解 UPBox 3D 打印机的机械结构和基本原理后，本任务要求熟练掌握打印机的使用，并且在打印机出现问题时，可以及时解决，从而对 UPBox 3D 打印机有更全面的了解。

任务实施

一、准备工作

1. 打印机初始化

机器每次启动时都需要初始化。在初始化期间，打印头和打印平台缓慢移动，并会触碰

2 PROJECT

到 $X/Y/Z$ 轴的限位开关。这一步很重要，因为打印机需要找到每个轴的起点。只有在初始化之后，软件等其他功能的指示灯才会亮起，供选择使用。

2. 初始化按键

初始化按键如图2-2-6所示，当打印机空闲时，长按打印机上的"初始化"按钮会触发初始化；"停止打印"按钮用于停止当前的打印工作，在打印期间，按下并保持这个按钮；"重复打印"按钮用于重新打印上一项工作，双击该按钮即可。

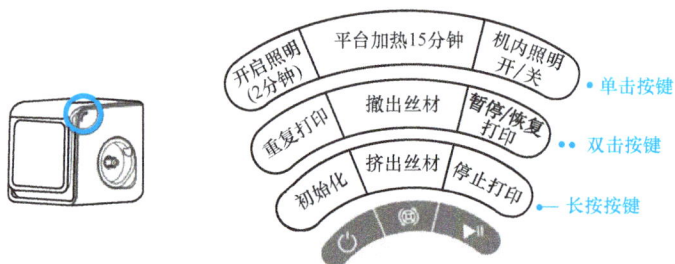

图2-2-6　初始化按键

二、打印平台调平

1. 平台自动校准和喷嘴对高

平台调平有两种方式，第一种是平台自动校准和喷嘴对高。

平台校准是成功打印最重要的步骤，因为它能够确保第一层的黏附情况。理想情况下，喷嘴和平台之间的距离是固定的，但在实际中，由于很多原因（例如，平台略微倾斜），两者间距离在不同位置会有所不同，这可能造成作品翘边，甚至是完全失败。UPBox具有自动校准和喷嘴对高功能，通过使用这两个功能，校准过程可以快速方便地完成。

如图2-2-7所示，在校准菜单中选择"自动水平校准"，校准探头将被放下，并开始探测平台上的9个位置。在探测平台之后，调平数据将被更新，并储存在机器内，调平探头也将自动缩回。当自动校准完成并确认后，喷嘴对高将会自动开始。打印头会移动至喷嘴对高装置上方，喷嘴将接触并挤压金属薄片以完成高度测量。平台自动校准和喷嘴对高的结构示意图如图2-2-8所示。

图2-2-7　校准菜单

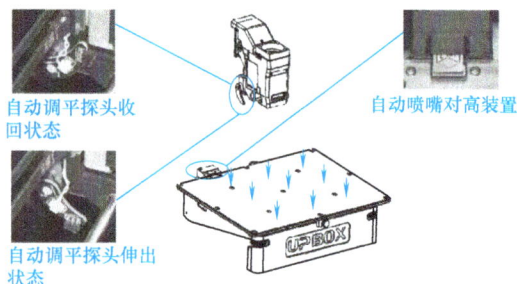

图2-2-8　结构示意图

校准小诀窍：

1）在喷嘴未被加热时进行校准。

2）在校准之前清除喷嘴上残留的塑料。

3）在校准前，把多孔板安装在平台上。

4）平台自动校准和喷头对高只能在喷嘴温度低于80℃状态下进行，喷嘴温度高于80℃时无法启动这两项功能。

2. 平台手动校准

第二种平台调平方式是平台手动校准。

通常情况下，手动校准非必要步骤。只有在自动调平不能有效调平平台时才需要。

如图2-2-9所示，UPBox的平台之下有4颗手调螺母，两颗在前面，两颗在平台后下方，可以通过上紧或松开这些螺母来调节平台的平度。

在"平台校准"页面，用户可使用"复位"按钮将所有补偿值设置为零。然后使用9个编号的按钮将平台移动到不同的位置。用户也可以使用"移动"按钮将打印平台移动到特定高度。

首先将打印头移动到平台中心，并将平台移动到几乎触到喷嘴的位置。使用校准卡来确定正确的平台高度。尝试移动校准卡，并感觉其移动时的阻力。通过在平台高度保持不变的状态下移动打印头和调节螺母，确保在9个位置都能感觉到近似的阻力。平台高度调整三种情况如图2-2-10所示，实物图如图2-2-11所示。

图 2-2-9　手动校准螺母

平台过高，喷嘴将纸张钉到平台上，略微降低平台

当移动纸张时可以感受到一定阻力。平台高度适中

平台过低，当移动纸张时无阻力，略微升高平台

图 2-2-10　平台高度调整

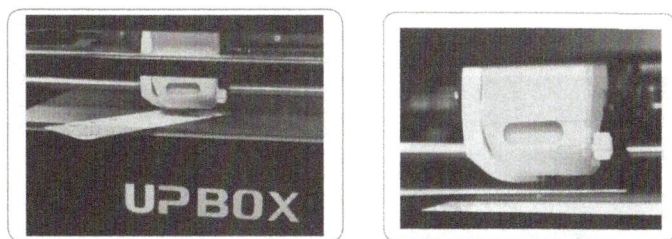

图 2-2-11　平台高度调整实物图

平台手动校准步骤如下：

1）初始化打印机。

2）打开校准页面。按下"复位"按钮将所有补偿值设置为零。

3）移动打印头至相应位置，随后按"+"按钮升高平台。

4）升高平台，直到其刚刚触碰到喷嘴；在喷嘴和平台之间移动校准卡，并查看是否有任何阻力。

5）获得了9个调平点的平台高度值后，找到9个调平点中的最小值，将其设为喷嘴高度。

在字段中键入"208",并点击"设置"按钮,将喷嘴高度设置为"208"。示例如图 2-2-12 所示,在这种情况下,校准点 1 具有最小的平台高度值,它实际上是平台上的最高点。在这个点,平台到达喷嘴高度的行程是最短的。

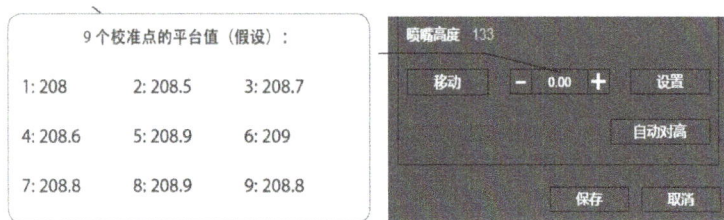

图 2-2-12 示例

三、打印丝材设置

1. 丝材挤出

确保打印机打开,并连接到计算机。点击软件界面上的"维护"按钮,进入"维护界面",如图 2-2-13 所示。从"材料"下拉菜单中选择"ABS"或所学材料,并输入丝材"重量"。

轻轻地将丝材插入打印头上的小孔。丝材在到达打印头内的挤压机齿轮时,会被自动带入打印头。检查喷嘴挤出情况时,如果丝材从喷嘴出来,则表示丝材加载正确,可以准备打印。

点击"挤出"按钮。打印头将开始加热,在大约 5min 之后,打印头的温度将达到熔点,比如,对于 ABS 线材而言,温度为 260℃。在打印机发出蜂鸣后,打印头开始挤出丝材,如图 2-2-14 所示。

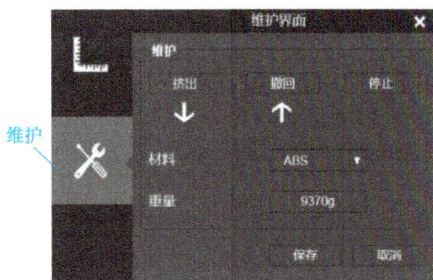

图 2-2-13 维护界面

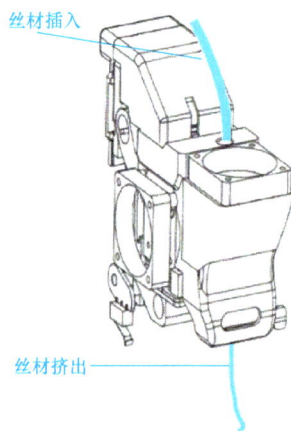

图 2-2-14 丝材挤出

2. 自定义材料属性

可以通过自定义材料属性控制打印温度和平台温度,该功能非常适用于无法通过预设材料属性打印的第三方材料。自定义材料属性,进入"维护界面",选择"材料"下拉菜单中的"自定义",如图 2-2-15 所示。进入"自定义材料"界面,单击"添加"以添加自定义属性,如图 2-2-16 所示。输入材料名称、喷头温度和底板温度,如图 2-2-17 所示。

图 2-2-15　材料自定义

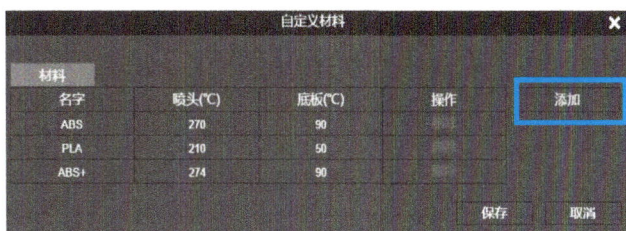

图 2-2-16　添加自定义材料

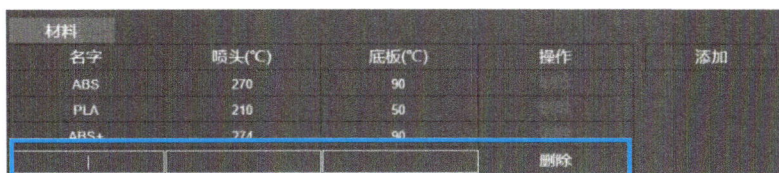

图 2-2-17　输入属性

四、打印机常见问题处理

当打印完成时，LED 呼吸灯将显示为红色。在这种情况下，机器将不会响应任何命令和打印。这是为了预防误操作，避免打印头撞击打印物体。为恢复至正常状况，必须在完成打印之后打开前门。

LED 呼吸灯状态含义如图 2-2-18 所示，打印机常见问题及处理方式如图 2-2-19 所示。

图 2-2-18　LED 呼吸灯状态含义

图 2-2-19　打印机常见问题及处理方式

五、打印机的维护和打印技巧

1. 更换喷嘴和空气过滤器

经过长时间的使用，打印机喷嘴会残留材料甚至堵塞。用户可以更换新喷嘴，老喷嘴保留，清理干净后可以再用。喷嘴更换步骤如下：

1）使用"维护界面"的"撤回"功能，令喷嘴加热至打印温度。

2）戴上隔热手套，用纸巾或棉花把喷嘴擦干净。

3）使用打印机附带的喷嘴扳手把喷嘴拧下来，如图 2-2-20 所示。

4）堵塞的喷嘴可以用很多方法去疏通，比如用 0.4mm 钻头钻通、在丙酮中浸泡溶解堵塞塑料、用热风枪吹通或者用火烧掉堵塞的塑料。

更换空气过滤器步骤如图 2-2-21 所示。

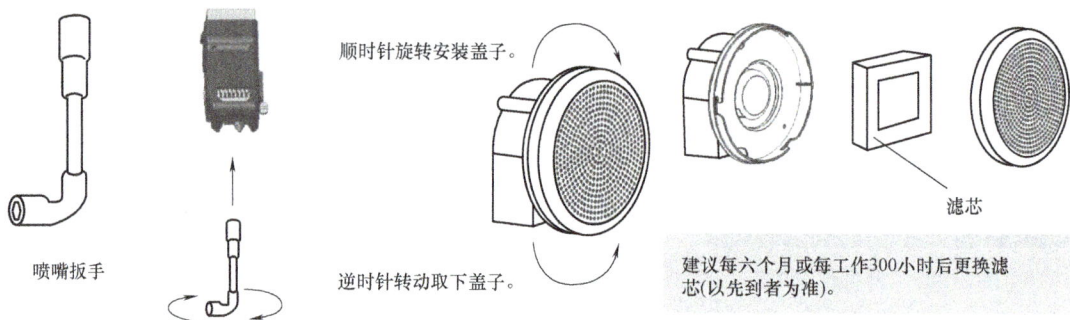

顺时针旋转安装盖子。

逆时针转动取下盖子。

滤芯

建议每六个月或每工作300小时后更换滤芯(以先到者为准)。

图 2-2-20　喷嘴扳手处理喷嘴　　　　　　　　图 2-2-21　更换空气过滤器

2. 打印技巧

1）确保精确的喷嘴高度。喷嘴高度值过低将造成模型变形，过高将使喷嘴撞击平台，从而造成损伤和堵塞。可以在"校准界面"手动微调喷嘴的高度值，可以基于之前的打印结果，尝试加减 0.1~0.2mm，调节喷嘴的高度值。

2）正确校准打印平台。未调平的平台通常造成模型翘边。进行充分预热，使用"打印"界面中的预热功能。一个充分预热的平台对于打印大型作品并确保不产生翘边至关重要。

3）合理冷却，通过旋转气流调节杆更改打印模型的受风量，如图 2-2-22 所示。通常情况下，冷却越充分，打印质量越高。冷却还可以使基底和支撑更好剥离。但是，冷却可能导致翘边，特别是 ABS 材料模型冷却。简单来讲，PLA 材料模型冷却通风导管可正全开，而 ABS 材料模型冷却通风导管可以关闭。对于 ABS 加其他材料的模型冷却，推荐半开。

增加风量能够改善精细和突出结构的打印质量。

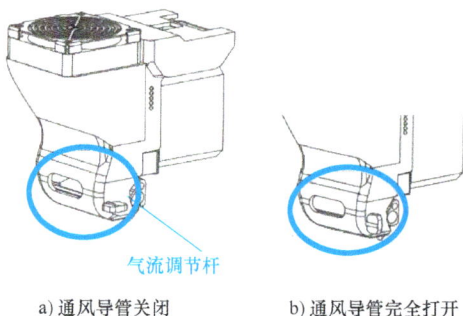

气流调节杆

a)通风导管关闭　　　　b)通风导管完全打开

图 2-2-22　气流调节

4）建议在正常打印时使用基底，因为它可以使打印的物体更好地贴合在平台上，而且自动调平需有打印基底才能生效，因此默认情况下该功能为打开。可以在"打印选项"面板中将其关闭。

可以选择不生成支撑结构，通过在"打印选项"面板中选择"无支撑"来关闭支撑。但是，仍将产生 10mm 的支撑提供稳定的基座。打印示例如图 2-2-23 所示。

a)精细结构　　　　　　b)无支撑外延　　　　　　c)桥接

图 2-2-23　打印示例

任务3　掌握切片控制软件 UP Studio 的操作

任务描述

UP Studio 是基于 UPBox 3D 打印机自主开发的一款专业级切片软件，内置功能强大，更有云平台服务和全面开放的账户设计。本任务要求熟悉软件的基本操作和打印参数。

任务实施

一、UP Studio 基础操作

如图 2-2-24 所示，UP Studio 主界面左边栏是各个模块图标，包括账户、文件、库和帮助等模块。单击"文件"图标进入打印界面，如图 2-2-25 所示。

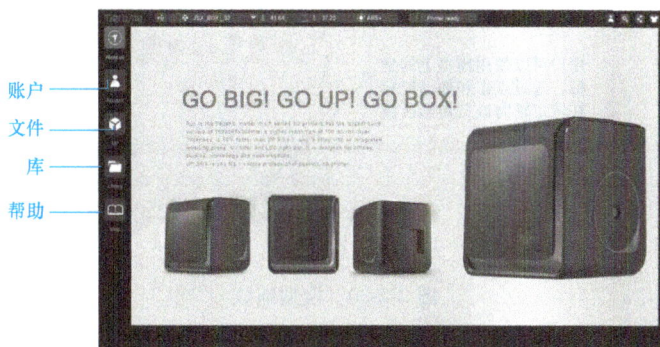

图 2-2-24　UP Studio 主界面

1. 旋转和缩放模型

选择模型后，通过"旋转"功能对模型进行旋转，也可使用旋转指南进行实时旋转，如图 2-2-26 至图 2-2-28 所示。

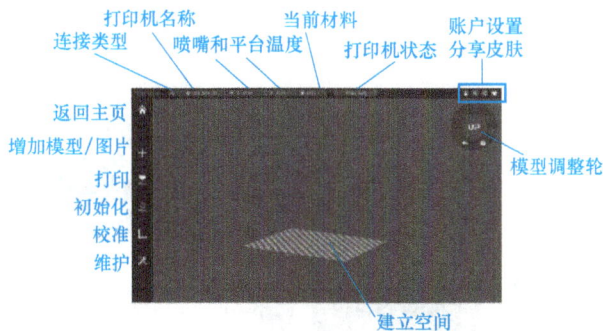

图 2-2-25　打印界面

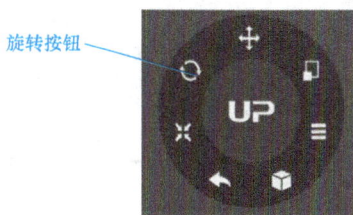

图 2-2-26　旋转按钮

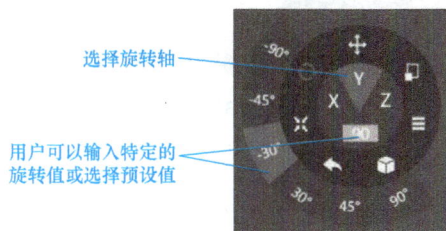

图 2-2-27　旋转设置

图 2-2-28　模型旋转

PROJECT 2

选择模型后，通过"缩放"功能对模型进行缩放，也可使用模型坐标进行缩放，如图 2-2-29 至图 2-2-30 所示。

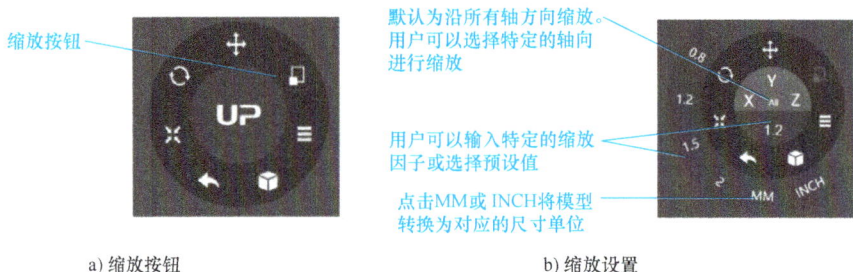

缩放按钮

默认为沿所有轴方向缩放。用户可以选择特定的轴向进行缩放

用户可以输入特定的缩放因子或选择预设值

点击MM或INCH将模型转换为对应的尺寸单位

a) 缩放按钮

b) 缩放设置

图 2-2-29

用户可以使用模型上的坐标，通过点击和拖动鼠标在特定轴向或三角形区域进行缩放

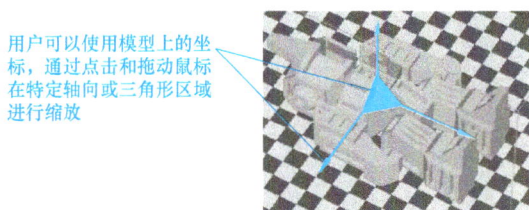

图 2-2-30 模型缩放

2. 复制与修复模型

点击选择要复制的模型，模型高亮显示，右击打开菜单选择"复制"（Copy）功能并选择复制份数。如图 2-2-31 所示。

如果模型包含有缺陷表面，软件将用红色高亮显示该部分。单击"更多"按钮进入第二级菜单。

单击"修复"按钮修复模型。如果缺陷被修复，红色的缺陷表面将转变为正常颜色。如图 2-2-32 所示。

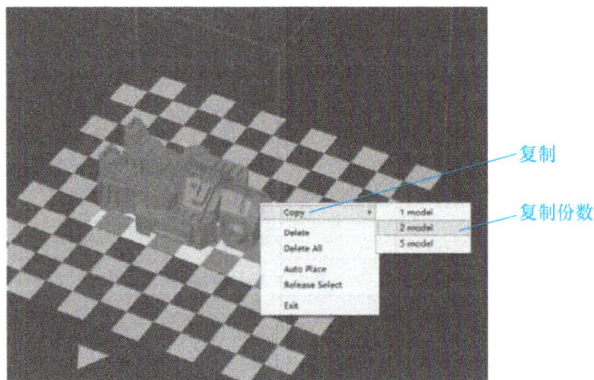

复制

复制份数

更多

图 2-2-31 模型复制

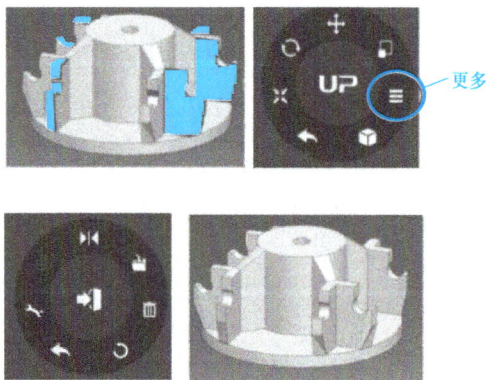

图 2-2-32 模型修复

3. 合并及保存模型

按下 Ctrl/CMD，单击生成面板上的所有模型。在"更多"功能的第二级调整轮上将显示"合并"按钮。单击"合并"按钮合并模型。最后单击"保存"按钮保存所有合并模型至计

算机。如图 2-2-33 至图 2-2-35 所示。

　　如果模型之间距离太小，分别打印时底座会相互重叠，影响出丝。合并后模型底座会按照单一模型的形式生成，重叠问题就可以避免。如用户希望保存现有模型的摆放位置，以后再打印，可以合并后保存为 .UP3 格式。

4. 模型打印测试

　　单击"增加模型/图片"按钮进入"添加"对话框，再单击"添加图像"按钮，选择并添加目标图像，如图 2-2-36 和图 2-2-37 所示，基座高度决定了保持图像的水平层的厚度，模型高度决定了最终打印的对比度。点击"转换底片"按钮，将反转像素密度，用户可以选择凸出或陷入基座内的图像，如图 2-2-38 所示。如图 2-2-39 所示，点击更新三维模型按钮，该按钮将左侧处理过的图像转换为右侧的三维渲染图。按下"确认"按钮，将发送三维渲染图进行打印。

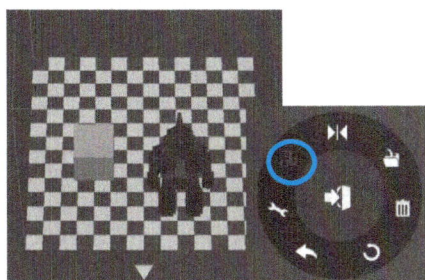

图 2-2-33　模型选择

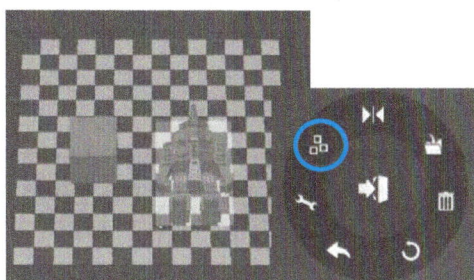

图 2-2-34　模型合并

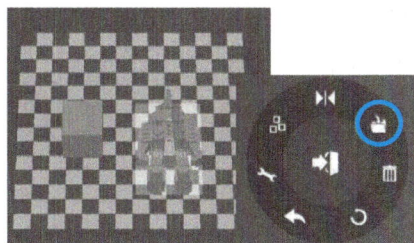

图 2-2-35　模型保存

图 2-2-36　单击"添加图像"按钮

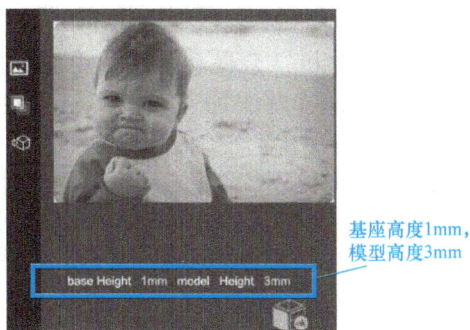

基座高度1mm，
模型高度3mm

base Height　1mm　model　Height　3mm

选择并添加图像

图 2-2-37　图像添加

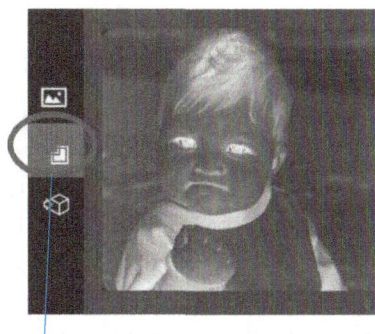

转换底片

图 2-2-38　图像处理

2

PROJECT

79

图 2-2-39　三维渲染

5. 打印监测和暂停打印

打印进度显示在 UP BOX 平台 Logo 顶部的 LED 进度条上，如图 2-2-40 所示。

在打印期间，可单击软件界面左侧菜单上的"暂停"按钮暂停打印。单击"恢复打印"即恢复暂停的打印。一旦打印暂停，维护界面上的其他按钮将禁用。此时，用户可以使用"撤回"和"挤出"功能更换丝材。

如图 2-2-41 所示，若不使用 UP Studio 软件暂停打印工作。在打印期间，当前门打开时，打印将自动暂停。关闭前门，打印工作将在用户双击暂停按钮之后恢复。作为选择，在打印期间，双击"暂停/停止"按钮，打印工作将暂停。再次双击"暂停/停止"按钮以恢复打印工作。

图 2-2-40　打印进度监测

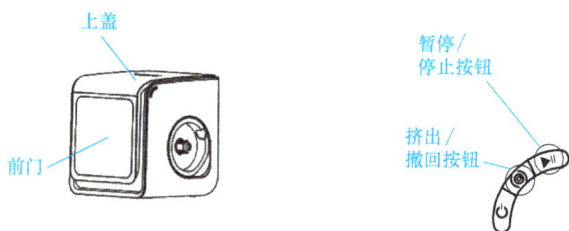

图 2-2-41　非软件暂停

二、打印速度的设置

因供应商和实现技术的不同，"打印速度"的含义不尽相同。打印速度可能是指单个打印作业在 Z 轴方向打印一段有限距离所需的时间。拥有稳定垂直构建速度的 3D 打印机通常采用这种表达方式，其垂直构建速度与打印部件的几何形状和（或）单个打印工作的部件数无关。垂直构建速度不受打印数量和复杂度影响的 3D 打印机，是概念建模应用的首选，因为它们可以快速地打印大量不同的模型，同时用于比较，这就能加速和改善早期决策过程。

打印速度的另一种描述方式是打印一个具体部件或者具体体积所需的时间。采用此种描述方法的打印技术通常适用于快速打印单个简单的几何部件，但遇到额外的部件被添加到打印作业中，或者正在打印的几何形状复杂性和（或）尺寸增加时，就会出现减速。由此产生的构建速度变慢，会导致决策过程的延长，削减个人 3D 打印机在概念建模方面的优势。然而，打印速度始终是越快越好，对概念建模应用而言更是如此。

UP Studio 软件中的打印设置窗口如图 2-2-42 所示。其中，关于打印机打印速度的设定取决于打印质量的选择，如图 2-2-43 所示。较好的质量意味着打印时间会较长，较快的质量就说明打印速度会有所提高，所以打印速度应依据不同的模型和要求而定。显然通常应当选择第一种。

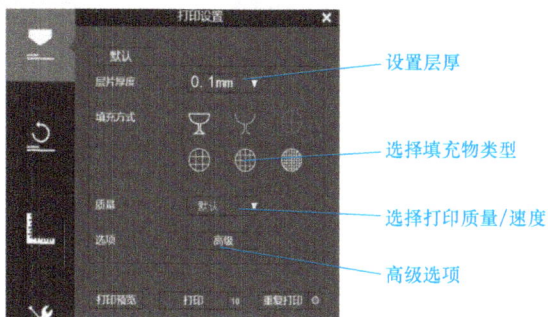

图 2-2-42　打印设置

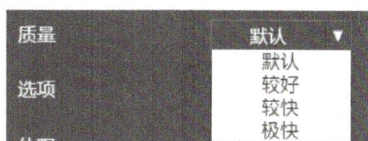

图 2-2-43　打印速度设置

任务4　打印《我的世界》游戏模型实例

任务描述

《Minecraft》（我的世界）是由 Mojang AB 和 4J Studios（瑞典游戏公司）开发的高自由度的沙盒游戏，游戏以不同种类的三维方块为主体，供玩家创造操作。这项任务以游戏中的"狼"模型为例，要求操作 UP Studio 软件和打印机，打印实物。

任务实施

一、打印准备

1）点击"增加模型/图片"按钮进入"添加"对话框，再单击"添加模型"按钮，如图 2-2-44 所示。

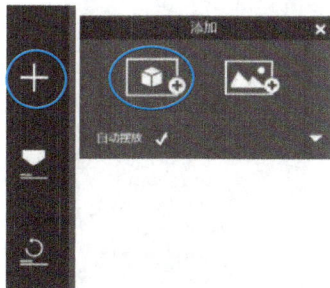

图 2-2-44　添加模型

图 2-2-45　选择模型文件

2）选择目标模型文件，如图 2-2-45 所示；载入的模型出现在打印平台上，如图 2-2-46 所示。

3）点击"打印"图标打开打印预览窗口，如图 2-2-47 所示。

图 2-2-46　模型出现在打印平台上

图 2-2-47　模型打印

二、调整模型

　　模型原尺寸太小，通过滑轮放大 3 倍打印。并调整模型至最佳位置，如图 2-2-48、图 2-2-49 所示。

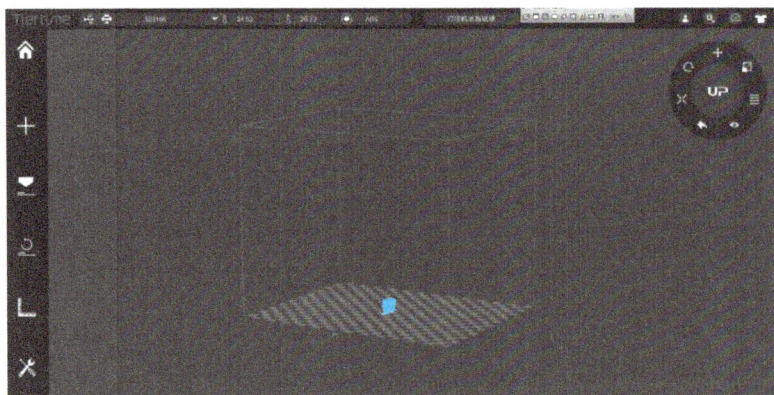

图 2-2-48　模型预览

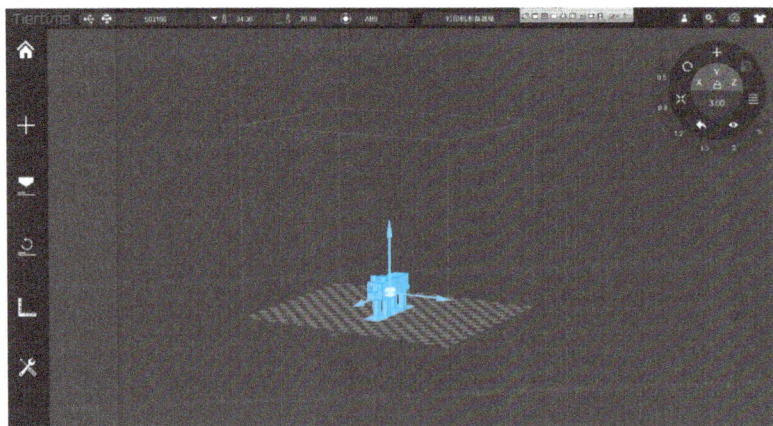

图 2-2-49　模型调整

三、调整打印参数

　　如图 2-2-50 所示，模型尺寸为 21.006（mm）×85.128（mm）×45.003（mm）。因为模型大

2 PROJECT

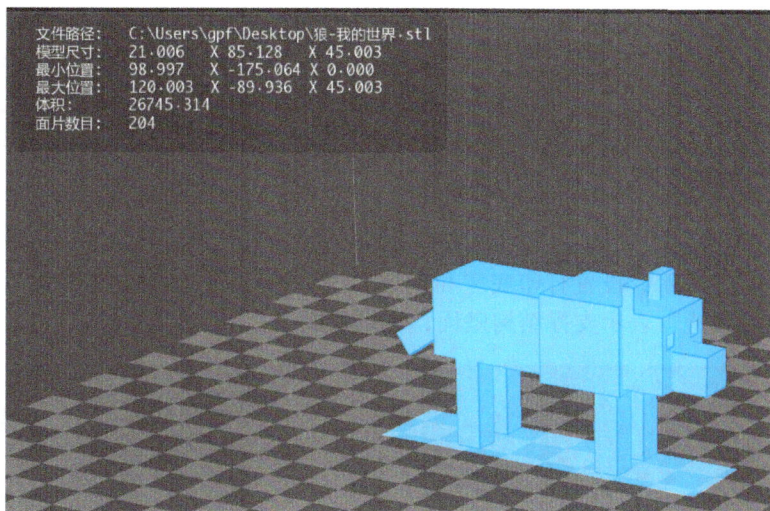

文件路径: C:\Users\gpf\Desktop\狼-我的世界.stl
模型尺寸: 21.006 X 85.128 X 45.003
最小位置: 98.997 X -175.064 X 0.000
最大位置: 120.003 X -89.936 X 45.003
体积: 26745.314
面片数目: 204

图 2-2-50 模型信息

小适中，该尺寸就是打印后的大小。

以图 2-2-51 所示的模型为例，说明 3D 模型打印各部分的结构。"支撑层"，实心支撑结构可确保所支撑表面保留其形状和表面质量。"填充物"指打印物体的内部结构，填充物的密度可以调整。"底座"是协助打印物体黏附至打印平台的厚实结构。"密闭层"指打印物体的顶层和底层。

点击"打印"按钮，打开"打印设置"界面，进行打印参数调整。

（1）层片厚度 如图 2-2-52 所示，设置"层片厚度"，模型如果要求非常精细，可以选择 0.15mm 或者 0.1mm。出于缩短打印时间的考虑，这里选择"层片厚度"为 0.2mm。

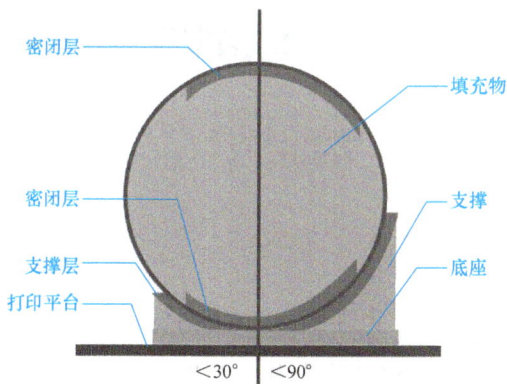

图 2-2-51 模型打印结构

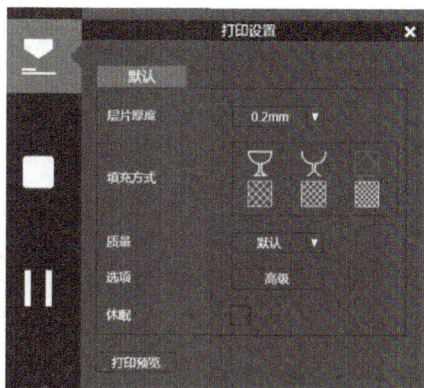

图 2-2-52 打印设置

（2）高级选项 点击"高级"选项，进行参数设置。

1）如图 2-2-53 所示，设置密闭参数。"密闭层数"指密封打印物体顶部和底部的层数，这里设为 3 层。"密闭角度"决定表面层开始打印的角度，这里设为 45°。

2）如图 2-2-54 所示，设置支撑参数。"支撑层数"指支撑结构和被支撑表面之间的层数，这里设为 3 层。"支撑角度"决定产生支撑结构和致密层的角度，这里设为 30°。"支撑面积"决定产生支撑结构的最小表面面积，小于该值的面积将不会产生支撑结构，这里设为 3mm^2。"支撑间隔"决定支撑结构的密度，值越大，支撑密度越小，这里设为 8 线。

图 2-2-53　密闭参数

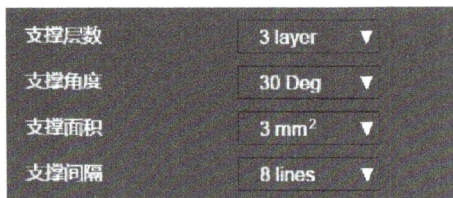

图 2-2-54　支撑参数

3）如图 2-2-55 所示，设置打印底座和支撑。"无底座"指无基底打印。"无支撑"指无支撑打印。"稳固支持"表示支撑结构坚固，难以移除。

图 2-2-55　打印底座和支撑

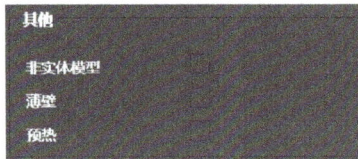

图 2-2-56　其他参数

4）如图 2-2-56 所示，设置其他参数。"非实体模型"指软件将自动固定非实心模型。"薄壁"指软件将检测太薄无法打印的壁厚，并扩大至可以打印的尺寸。"预热"表示在开始打印之前，预热打印平台不超过 15 分钟。

四、模型打印

参数设置完毕之后点击"打印设置"界面的"打印"按钮，软件计算打印文件，并且传输到打印机，如图 2-2-57 所示。传输完成之后，界面显示打印所需时间及消耗的打印材料，如图 2-2-58 所示。

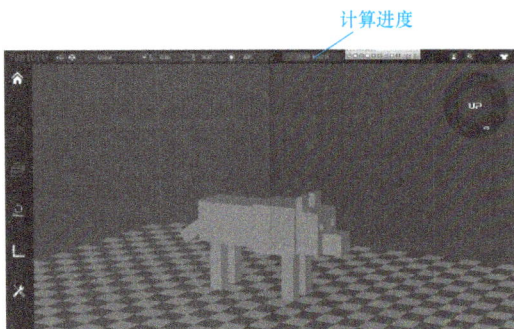

图 2-2-57　文件输出

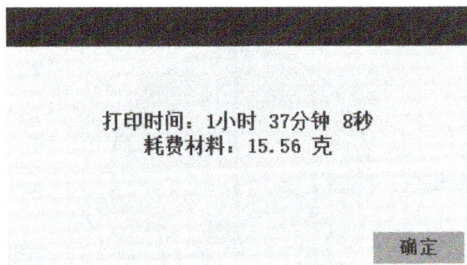

打印时间：1小时 37分钟 8秒
耗费材料：15.56 克

确定

图 2-2-58　打印信息

软件界面最上方是状态栏，实时显示打印机的参数，包括喷头温度以及平台温度等，如图 2-2-59 所示。

图 2-2-59　打印机参数

任务 5　后　处　理

任务描述

FDM 技术制作的模型通常需要后处理，因为其表面并不是光滑的，是阶梯状的，这和

FDM 技术本身有着密不可分的关系。所以就需要后期采用一些特殊方式，使得模型更加光滑。这项任务对后处理工具和工艺进行介绍，使学生进一步学习模型后处理。

任务实施

一、打磨的基本工具及使用

FDM 技术设备能够制造出高品质的零件，但零件上逐层堆积的纹路是肉眼可见的，这往往会影响用户的判断，尤其是当外观是零件的一个重要因素时。所以需要用砂纸打磨进行后处理，砂纸打磨是一种廉价且行之有效的方法，一直是3D打印零部件后期抛光最常用、使用范围最广的工艺。

砂纸打磨可以手工打磨或者使用砂带磨光机这样的专业设备打磨。砂纸打磨在处理比较微小的零部件时会有困难，因为需要依靠人手或机械的往复运动。不过砂纸打磨处理起来还是比较快的，一般用砂纸打磨消除电视机遥控器大小的模型纹路只需 15 分钟。

1. 水砂纸打磨

常用砂纸如图 2-2-60 所示，砂纸分很多标号，如 400、600、800、1000、1200、1500、2000、2500、3000、5000 目。标号越低的砂纸颗粒越大，砂纸表面越粗糙；标号越高砂纸越细腻，5000目的基本上可看成是一张纸。标号也可以用"目"作为单位，比如 400 目，也就是 400 号。

打磨使用顺序是从低标号开始，如 400 目开始，经 600、800、1000、1200、1500 目，最终磨到 2000目以上再喷漆。但不是每次打磨就一定要从 400 目开始依次磨，如果模型表面已经够平整，只需要稍稍打磨，那可以直接从 1000 或是 1500 目起，哪怕是直接2000 目打磨且以 2000 目为终结，完全可以。所以要分析模型表面的平整度，比如模型表面用了膏状补土

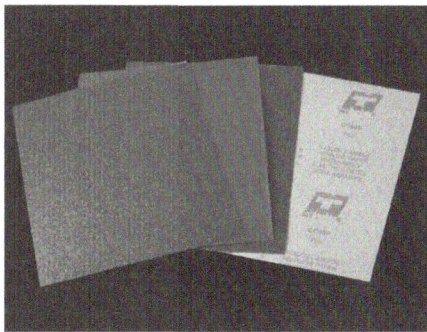

图 2-2-60 砂纸

填缝，表面很粗糙，那视情况，看是否可以 400 目起，或是 800 目起。

再比如，600 目起磨，接下来也不一定就是 800 目、1000 目，可直接跳到 1200 目，如果感觉磨到 1500 目效果已经可以了，那也不必非要磨到 2000 目再喷漆。总而言之，视情况而定，打磨之后的最终效果就是让模型表面平整，以待喷漆。打磨完毕可以喷水补土，看看有哪里还需要打磨。

水砂纸打磨注意事项：1）水砂纸裁成小块粘水打磨使用起来更有效果；2）清理砂纸打磨过后所留下的残渣，要等水迹干了之后，用布擦，再用牙刷刷缝隙；3）如果把面漆喷稠了，漆表面就会看似浮着一层灰尘，那就用 2000 目以上细砂纸轻轻打磨一遍，把浮着的漆打磨掉，再继续喷漆即可。

2. 海绵砂打磨

海绵砂（图 2-2-61）的好处就是可以随模型起伏不平的表面进行打磨，如飞机机体模型的弧形表面和其他带弧度的物体表面。海绵砂本身是软的，而且可以反复多次使用，蘸水或是干磨都可以，海绵砂的标号不同于水砂纸，是区间性的，比如红色的标号是 500 ~ 600 目，蓝色的标号是 800~1000 目，绿色的标号是 1200~1500 目，也就是标号在这个范围之间，并没有特别指定是具体多少目。

3. 锉刀打磨

锉刀（图 2-2-62）的种类比较多，具体到模型打磨上，锉刀就比较精细小巧了，有半

2

PROJECT

圆的、直板的、异型的等很多种，但最终目的还是打磨。金属锉刀中，质量好的能重复使用的寿命就会长；质量不好的，一边打磨一边掉金属颗粒，等模型打磨完了，锉刀也光秃秃了。

锉刀如果被打磨残渣封住了表面，用小毛刷刷掉残渣即可。不推荐用水冲，一是不易冲掉残渣，二是锉刀容易生锈。用锉刀打磨，通常是在基础打磨阶段，锉刀没有具体标号，但基本上标号都是比较低的，所以用锉刀打磨完毕之后，模型是不可以直接上漆的，因为模型表面会有锉痕，喷过漆之后很明显，所以要再结合细砂纸打磨完善。

图 2-2-61　海绵砂

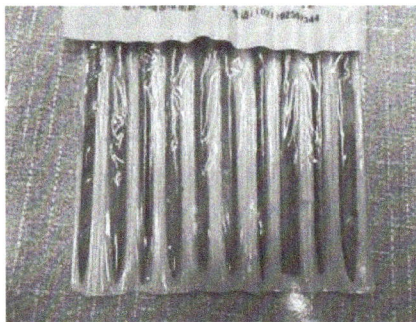

图 2-2-62　锉刀

锉刀在打磨模型方面有着独特的优势，当然使用的方法也是很有讲究。为了延长锉刀的使用寿命，使用时注意以下操作：

1）不准用新锉刀锉硬金属。

2）不准用锉刀锉淬火材料。

3）有硬皮或粘砂的锻件和铸件，须在砂轮机上将其磨掉后，才可用半锋利的锉刀锉削。

4）新锉刀先使用一面，当该面磨钝后，再用另一面。

5）锉削时，要经常用钢丝刷清除锉齿上的切屑。

6）锉刀不可重叠或者和其他工具堆放在一起。

7）使用锉刀时，速度不宜过快，否则容易过早磨损。

8）锉刀要避免沾水、沾油或其他脏物。

9）细锉刀不允许锉软金属。

10）使用什锦锉用力不宜过大，以免折断。

如果零件有精度和耐用性的最低要求的话，一定要记住不要过度打磨，要提前计算好要打磨去多少材料，否则过度打磨会使得模型件变形报废。进行基准计算也有助于确定要使用的打磨工艺——手工打磨或电动打磨，以及使用哪些工具。

二、底座去除工艺及工具修复

如图 2-2-63 所示，打印结束并等待打印底板冷却后，将打印底板连同打印模型取下；采用小铲从基底拆下实体模型，如图 2-2-64 所示；最后用小铲将基底从打印底板上铲除。常用拆卸工具（小铲）如图 2-2-65 所示。

图 2-2-65 所示的工具名称是"油灰刀（Putty Knife）"，又名刮刀，油灰刀是油漆辅料工具中被油漆工经常使用的手工具，使用简单方便，可以刮、铲、涂、填。在建筑施工以及生活中被广泛地使用。

油灰刀一般由刀片和手柄组成。刀片材质包括碳钢（45 号钢、50 号钢为主）、65Mn 弹簧钢和不锈钢。刀片表面常见处理分为普通抛光（出厂时经过砂抛）、镜面抛光（金属表面处理

图 2-2-63 模型冷却

图 2-2-64 实体模型

的一种，效果和镜子一样）。手柄分为木柄、塑料柄（双色手柄，外表美观，手感舒适）、铁柄，也有全塑料油灰刀，根据使用者的习惯和用途选择。在使用过程中，油灰刀刀刃部分容易受损。所以保养和修复也是必须的。

图 2-2-65 拆卸工具（小铲）

1）针对两角变秃，将 100 目砂纸垫在平木板上或厚玻璃块上，一手拿着砂纸边沿，一手紧捏刀面的下部，并使刀柄与砂纸垂直，然后，用力磨刃。一般角秃得轻，用力磨 10~15 个来回即齐，如角秃得严重，可先在砂轮上大致磨齐，再用砂纸磨直。

2）针对刃口倾斜，可先在砂轮上将高的一角磨得与低的一角基本相齐，然后用砂纸或油石将刀刃磨平磨直。

3）针对刀柄活络，以木质刀柄为例。维修时将刀头拔出，往刀柄的仓眼中灌入少许环氧树脂胶或无醛胶，将刀头与刀柄按紧，待胶质彻底凝固后再使用。如没有胶料，可先往刀柄仓眼中灌水少许，再将小薄木劈、细纱布条及麻丝等，顺仓眼一侧塞入或随刀头一起按入，然后用锤将刀柄与刀头楔紧再用。

三、支撑去除工艺

3D 打印作品时，在打印平台上先打印出一个支撑底座是一个很实用的操作，其优点显而易见：底座将作品抬离平台，有助于保持作品底面的平整，平台上任何痕迹和不平整等问题不会影响到作品；因热胀冷缩而产生的边角翘起问题只会影响底座，而不会影响到在底座上方的打印作品。但是，用相同材料相同机器打印出来的底座和作品剥离并不容易：一方面希望底座可以牢固地支撑起上方的作品，不会产生作品边角翘起现象；另一方面，又不希望底座和作品粘连得太牢固而无法分离。UP Box 3D 打印机最显著的特点就是可以打印可剥离的底座。

本任务剥离底座的模型如图 2-2-66 所示。

支撑去除工艺最常用的工具是剪钳和刻刀。

剪钳形状像剪刀，而头比普通的剪刀更小、更厚，就像钳子头的后半部分，斜口剪钳如图 2-2-67 所示。剪钳是制作模型时常常

图 2-2-66 剥离底座的模型

用到的工具，用来剪断塑料或金属的连接部位，比用手拧省时省力；也有剪钳用于剪断线材，有的剪钳还有拨电线的功能。

　　刻刀如图 2-2-68 所示，刻刀多用于模型上一些细小的区域。在打印过程中，因为外界因素或者机器本身的原因使模型出现不平整的地方，可以使用刻刀去修复。

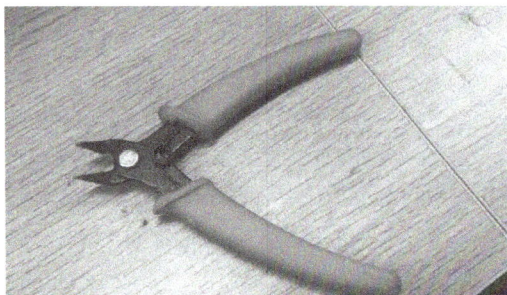

图 2-2-67　斜口剪钳

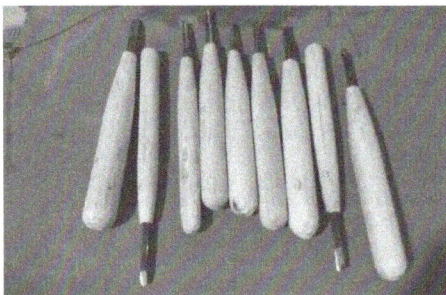

图 2-2-68　刻刀

　　对于基于 FDM 技术的 3D 打印机的用户来说，支撑材料难以去除一直是困扰大家的问题。3D Systems 推出一款 Infinity Rinse-Away 水溶性支撑材料。这种新型的材料是用一种可生物降解的、玉米基塑料制成的，并可与使用 PLA 打印的对象兼容。用户可以使用 3D Systems 的 Cubify 应用程序，或者 Cube Pro 3D 打印机的端软件，自动生成支撑结构，并通过优化实现快速溶解和迅速分离。3D Systems 宣传称这种新材料可以用来打印更加复杂的对象，比如可以用于获得更好的衔接类、悬挂类和移动类的部件。在打印许多小的、具有可移动部件的对象时，使用该材料可以比传统方法更加方便。一旦对象从打印平台上脱落，只需将其放入一碗水中，Infinity Rinse-Away 支撑材料将很快完全溶解，溶解后的材料可以倒入下水道，使用起来非常简单方便。

四、支撑点、痕迹的处理方法

　　UP Box 3D 打印机基于 FDM 技术，由喷头挤出的加热材料逐层堆积形成三维产品模型，因此会在模型表面形成层与层之间连接的纹路（图 2-2-69）。纹路的粗细取决于层厚，层厚越小，纹理越不明显。但是，打印层厚的减少将增加分层数量、增加打印时间和降低打印效率。因此，较经济的做法是，选用较大的层厚完成模型的打印，然后通过表面处理光整表面纹路，以实现较短的打印时间和较佳的模型外观质量。

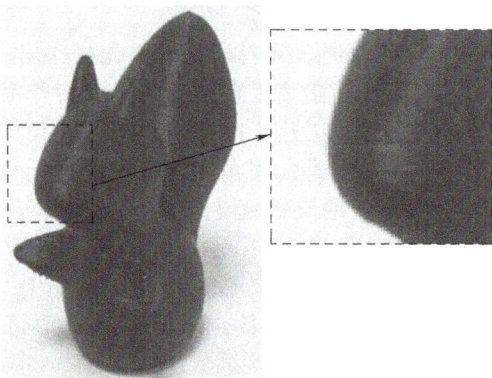

图 2-2-69　打印纹路

五、其他后处理技巧

　　3D 打印模型常见的表面后处理方法还有喷丸处理、溶剂浸泡和溶剂熏蒸。

　　（1）喷丸处理　喷丸处理是指操作人员手持喷枪朝着 3D 打印模型高速喷射介质小珠，从而达到表面光滑的效果。喷丸处理喷射的介质通常是热塑性塑料颗粒，一般在密闭的腔室里进行。喷丸处理 5～10min 即可完成，处理过后模型表面光滑，有均匀的哑光效果。

　　（2）溶剂浸泡　ABS 溶于丙酮、醋酸乙酯、氯仿等绝大多数常见有机溶剂，因此可利用有机溶剂的溶解性对 ABS 材质的 3D 打印模型进行表面处理。目前市场上可购买专门用于 3D 打印模型的 ABS 抛光液。该方法操作简单，将 3D 打印模型浸泡在溶剂中搅拌，待其表面达到

2 PROJECT

需要的光洁效果，取出即可。溶剂浸泡能快速消除模型表面的纹路，但要合理控制浸泡时间。时间过短，无法消除模型表面的纹路；时间过长则容易出现模型溶解过度，导致模型的细微特征缺失和模型变形。

（3）溶剂熏蒸　与溶剂浸泡类似，溶剂蒸气熏蒸也是利用有机溶剂对 ABS 的溶解性，对3D 打印模型进行表面处理；不同之处在于，蒸气熏蒸首先要将有机溶液加热成蒸气，然后将3D 打印模型放置在蒸气中，由高温蒸气均匀溶解模型表层的材料，从而获得光洁表面。相对于溶剂浸泡，蒸气熏蒸可以均匀地溶解模型表层（理想溶解层厚度约为 0.002mm），因此可以在不显著影响模型尺寸和形状的前提下获得光洁外观。

2

PROJECT

任务1 了解并掌握 DLP 光固化 3D 打印机的操作

任务描述

对于 DLP 光固化 3D 打印机的操作与使用，首先需要对机器有一个整体的认知和了解，掌握机器的结构及成型的特点。在操作前，要检查机器是否存在故障以及机器是否安装正确，了解机器的操作注意事项，以避免机器工作时因为操作不当或者是没有正确安装而造成损坏，导致最终的模型打印失败。本任务将详细介绍 DLP 光固化 3D 打印机的操作及注意事项。

任务实施

一、DLP 光固化 3D 打印机的基本操作

在操作 3D 打印机之前，为保证安全的工作环境，必项正确处理打印机及其配件。本项目使用的是美国 FSL 公司的 DLP Phoenix Touch Pro 3D 打印机，打印尺寸可达 123mm×64.5mm×100mm，拥有 50μm 的高分辨率。

1. 打印机的连接

打印机有三种打印方式，分别为：U 盘文件打印、数据线联机打印、网线联机打印。

（1）U 盘文件打印　首先，需要把打印模型导入 RetinaCreate 软件（DLP Phoenix Touch Pro 3D 打印机配套切片软件之一）中，如图 2-3-1 所示。

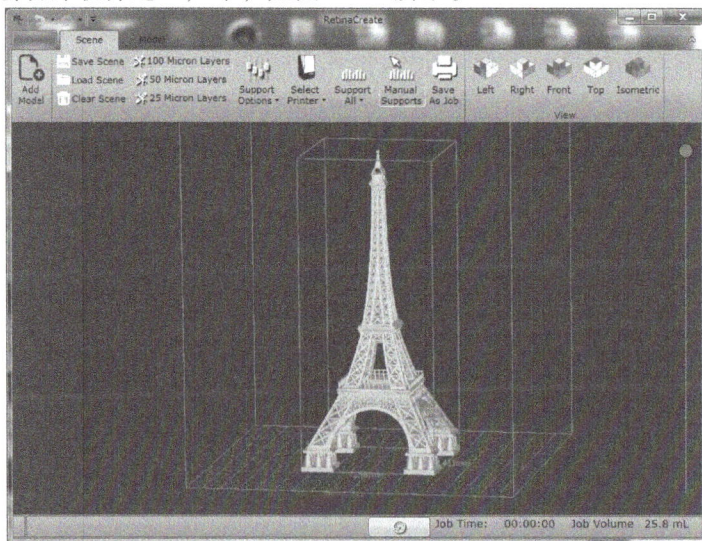

图 2-3-1　RetinaCreate 模型导入

　　然后，根据模型设置相关的切片参数，设置完切片参数后，再将文件保存，即可得到后缀为 ".fsljob2" 的切片文件，保存界面如图2-3-2所示。

图 2-3-2　RetinaCreate 软件保存切片文件界面

　　最后，将 RetinaCreate 软件处理好的后缀为 ".fsljob2" 的打印文件拷入 U 盘，然后将 U 盘插在打印机 USB 接口上，操作打印机，选择打印文件，即可进行打印。推荐使用此种操作，较为简便。

　　（2）数据线联机打印　将打印机通过 USB 数据线连接计算机，打开 RetinaCreate 软件，界面左侧首先会显示联机状态为 "Idle"，即闲置状态。导入模型处理完毕后，点击绿色的 "开始" 按钮。稍等片刻，联机状态会变成 "Confirm Job On Prin"，即确认打印机工作，此时打印机上会显示打印确认选项，确认即可开始打印。

　　（3）网线联机打印　把打印机与计算机通过路由器连接在同一个局域网内，其余操作同上。

2. 打印机的操作

　　1）拆封机器以后，将其放置在暗光、室温环境中的水平桌面上。先取下投影仪上的盖子，如图2-3-3所示。

　　2）用电源适配器为打印机通电，打开电源开关，显示开机界面，如图2-3-4所示。

图 2-3-3　投影仪盖子

图 2-3-4　开机界面

3

PROJECT

3）安装树脂槽和成型托盘，如图 2-3-5 所示。

4）对打印平台（成型托盘）进行调平。

① 拧松托盘固定架上的一枚紧固螺钉（M5 内六角螺钉），如图 2-3-6 所示，使成型托盘能够自由转动。

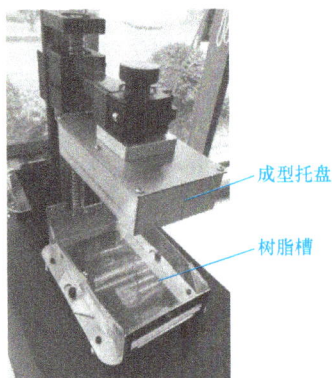

图 2-3-5　树脂槽

图 2-3-6　紧固螺钉

② 点击界面右上角的设置按钮，如图 2-3-7 所示。

③ 在下级界面中点击"Calibrate Motor"，（电机校准）选项，如图 2-3-8 所示。

④ 在下级界面中点击"Motor Down"（下降电机）选项，如图 2-3-9 所示，下降电机使平台贴合树脂槽底部。用手轻按成型托盘四个角，如图 2-3-10 所示，确保成型平台与树脂槽完全贴合。

图 2-3-7　设置按钮

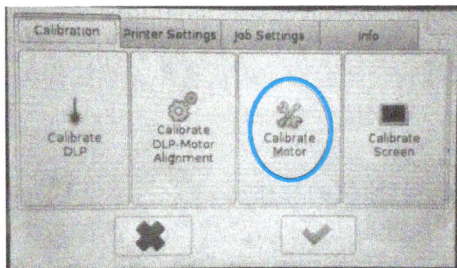

图 2-3-8　电机校准

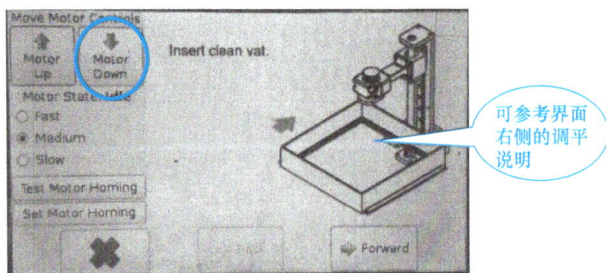

图 2-3-9　下降电机

⑤ 微调电机，使托盘固定架处于适当位置，拧紧 M5 紧固螺钉，丝杆左侧的挡板底部平面下降到光电开关底部平面以下位置，但是必须保留下部预留距离，如图 2-3-11 和图 2-3-12 所示。

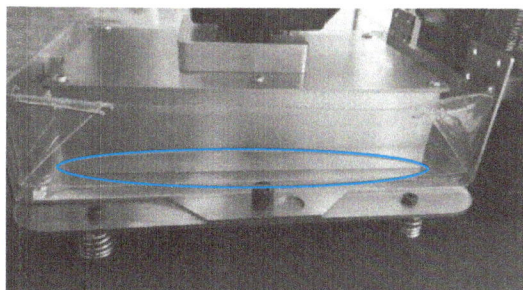

图 2-3-10 成型平台调整

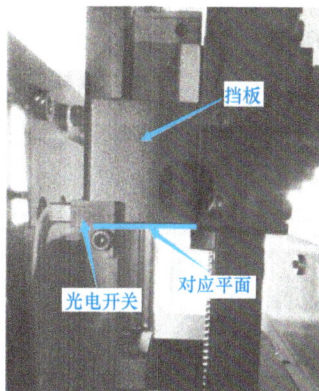

图 2-3-11 挡板位置

⑥ 先点击 "Set Motor Homing"（设置电机初始位置）选项，等电机停止运动后，再点击 "Test Motor Homing"（测试电机初始位置）选项，等电机停止运动后，再次点击 "Test Motor Homing"（测试电机初始位置）如图 2-3-13 所示，到此调平完成。

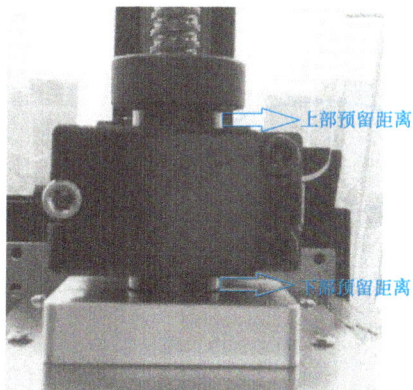

图 2-3-12 预留距离

图 2-3-13 调平

5）加入耗材。取下树脂槽，倒入树脂（树脂需要充分摇匀，至少两分钟），注意务必取下树脂槽再倾倒树脂，否则可能会使树脂滴到机身上或机器内部；同时注意倒入树脂不可超过树脂槽固定架上的刻度，否则树脂可能在打印机工作时溢出，刻度位置如图 2-3-14 所示。注意事项提示如图 2-3-15 所示。

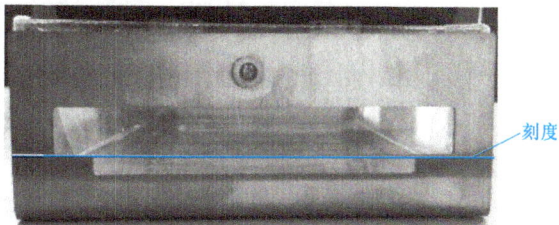

图 2-3-14 固定架上的刻度

务必取下树脂槽再倾倒树脂，否则可能会使树脂滴到机身上或机器内部；
树脂不能倒入过量，否则树脂可能在打印机工作时溢出。

图 2-3-15 注意事项

6）开始打印。打印前先确认树脂槽和成型托盘是否固定、树脂是否超过刻度、打印机是否很好地与电源接口连接、黄色保护罩是否关闭。确认无误，开始打印（以 U 盘打印为例）：

3

PROJECT

① 将存有切片文件的 U 盘插在打印机的 USB 接口上。之后点击 U 盘打印按钮（如图 2-3-16 所示），进入 U 盘文件界面。

② 选择文件，点击打印按钮，如图 2-3-17 所示。

图 2-3-16　选择 U 盘打印

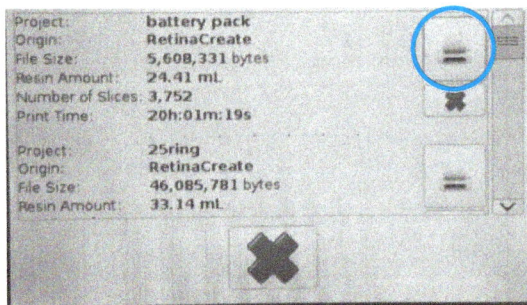

图 2-3-17　选择文件并打印

③ 在弹出的"确认打印"界面点击绿色对勾，如图 2-3-18 所示。在继续弹出的"预设置"界面中点击绿色对勾，如图 2-3-19 所示，默认数据即可。

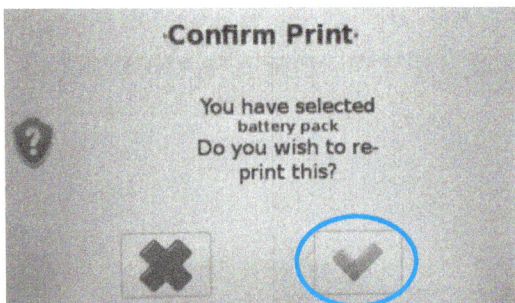

图 2-3-18　确认打印

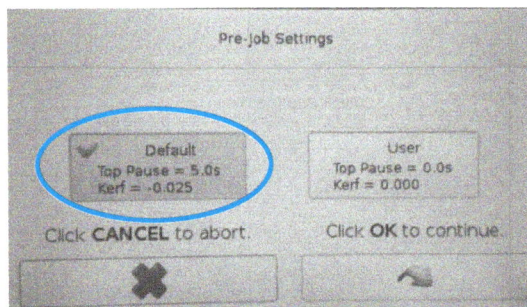

图 2-3-19　预设置

④ 选择树脂类型，如图 2-3-20 所示。确认完毕后在最终界面点击绿色对勾，开始打印，如图 2-3-21 所示。

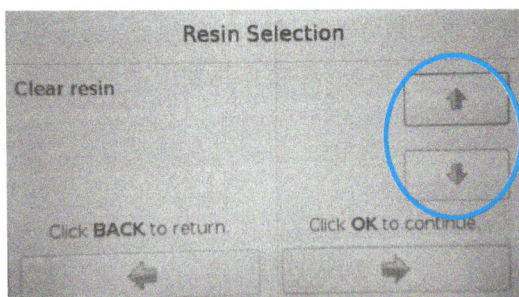

图 2-3-20　选择树脂

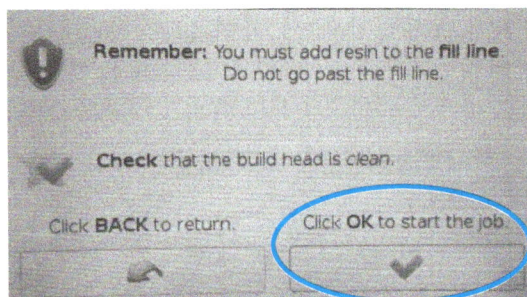

图 2-3-21　开始打印

⑤ 打印过程监控如图 2-3-22 所示。屏幕中间显示打印过程中的投影图形，屏幕下侧显示打印时间、树脂用量等信息，屏幕右侧边框第一个按钮用来结束打印任务，屏幕右侧边框第二个按钮用来暂停打印任务，屏幕右侧边框第三个至第五个按钮用来调整屏幕显示角度及大小。

如果模型较大，打印过程中可以添加树脂。点击暂停键，上升平台，等电机停止运动后，即可添加树脂；树脂添加完毕，点击确认即可继续打印，如图 2-3-23 所示。

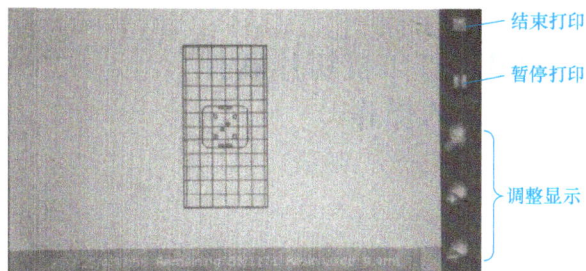

结束打印
暂停打印
调整显示

图 2-3-22　过程监控

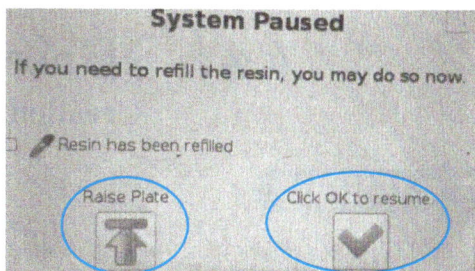

图 2-3-23　暂停打印

二、DLP 光固化 3D 打印机使用注意事项

仍以 FSL DLP Phoenix Touch Pro 3D 打印机为例，说明打印机使用注意事项和光固化树脂使用注意事项。

1. 打印机使用注意事项

1）打印机必须安放在水平桌面上，如果桌面不水平，树脂可能在打印机工作时溢出。

2）当拿出成型托盘时，请务必使用一个 10cm×15cm 的纸张或板子挡住托盘下方，防止树脂滴落下来，弄脏打印机甚至损坏机器。

3）在拿出树脂槽之前，务必先拿出成型托盘，否则成型托盘上的树脂可能滴落在打印机内部，损坏打印机。

4）打印机必须安放在远离太阳光直射或者有强烈人造光的地方。

5）打印机工作区域温度应保持在 21℃ 左右。

6）打印机本身不挥发气体，但是树脂含有挥发性的有机成分，且异丙醇（或酒精）通常被用来处理打印模型，所以建议在有良好通风环境的场所操作。

2. 光固化树脂使用注意事项

1）光敏树脂有轻微的刺激性，像使用其他家用的化学用品一样，应遵守标准安全手册和操作说明。

2）建议使用同一厂家提供的光固化树脂。使用第三方树脂可能会损害设备。

3）处理树脂时应佩戴护目镜和防护手套。

4）不要将任何其他物质混入树脂，并且不同树脂之间不可混用。

5）树脂对光线敏感，所以要避免将其暴露在强烈的人造光和太阳光下。

6）透明的黄色保护罩用来阻挡激光辐射，但是强烈的外界光可能进入，固化树脂。所以同样应保证机器远离直射的太阳光和强烈的人造光。

7）树脂长时间不用应回收。因为树脂长时间暴露在空气中会发生变质，白色树脂会发黄。经常添加新树脂可以有效避免树脂因变质而发黄。

8）不要将使用过的树脂倒回盛放原树脂的容器，以避免原树脂被污染。

9）在倒入新的有色树脂之前务必摇晃原树脂瓶两分钟；使用树脂槽里已有的树脂之前，建议戴上橡胶手套搅拌两分钟左右，因为长时间的静置会使树脂里的色素沉淀。

10）树脂槽里面的树脂使用一段时间后，底部会沉积一些杂质，影响后续打印，可以戴上橡胶手套取出杂质。若杂质颗粒太多太小，建议使用过滤网过滤树脂。

11）所有的树脂应该存放在低温、干燥处。

3. 树脂清洗液使用注意事项

树脂清洗液通常是异丙醇或者浓度 95% 以上的酒精。

异丙醇通常用来清除模型上未固化的树脂。使用时要注意在良好的通风环境下进行操作，并戴上手套和口罩；同时远离火、热和火花；使用完之后应该盖上或关闭盛装容器，保持密封。

任务 2　掌握 DLP 光固化 3D 打印机切片软件 Creation Workshop 的操作

🌀 任务描述

基于 DLP 光固化技术的 3D 打印机配套的模型切片软件有很多，本任务学习常用的模型切片软件 Creation Workshop 的操作使用。Creation Workshop 的操作涉及界面功能认识、软件参数的设置及修改。

🌀 任务实施

一、Creation Workshop 界面功能认识

1. 安装 Creation Workshop 切片软件

Creation Workshop 的安装非常简单，直接在网上下载安装完成。

2. Creation Workshop 切片软件操作界面

整个操作界面（图 2-3-24）非常简洁，没有繁杂的设置。下面从上向下、从左到右介绍每个菜单或者按键的功能。

1）如图 2-3-25 所示，第一层功能按钮依次为：打开模型、保存、连接打印机、断开连接、切片、打印、暂停、停止。

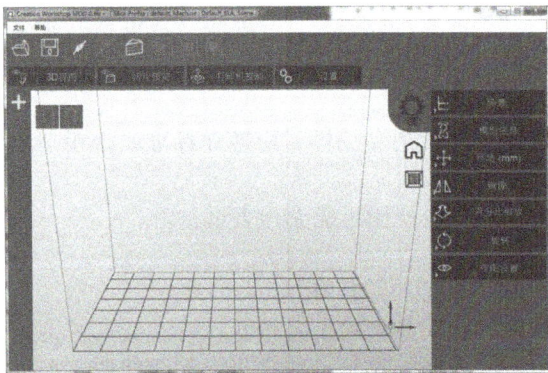

图 2-3-24　软件操作界面

图 2-3-25　第一层功能按钮

2）如图 2-3-26 所示，第二层功能按钮分为四个模块，分别为：3D 视图、切片预览、打印机控制、设置。

图 2-3-26　第二层功能按钮

① 3D 视图。把 STL 格式模型文件加载进切片软件内，然后在"3D 视图"这个功能下查看、调整模型文件，如图 2-3-27 所示。

② 切片预览。导入模型并设置切片参数，切片完成以后，在"切片预览"功能下可以看到模型的横切面，如图 2-3-28 所示。除了这些，软件还加入了"Gcode 预览"功能，包括机器运行过程中所有要执行的 G 代码，方便发现打印过程中的问题并能够及时解决。

③ 打印机控制。这个功能可以控制打印机各个轴运动及投影仪，如图 2-3-29 所示。

④ 设置（参数配置）。这是最重要的一个功能，这个功能包括打印机的设置和切片参数的设置，如图 2-3-30 所示。

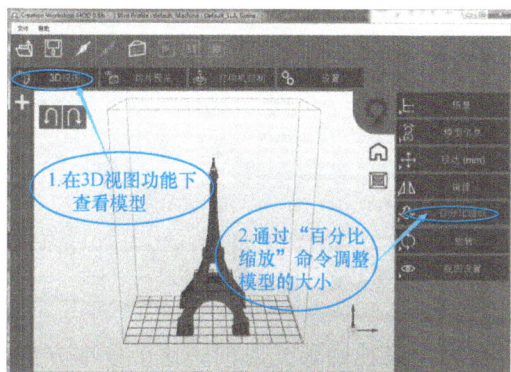

图 2-3-27　3D 视图

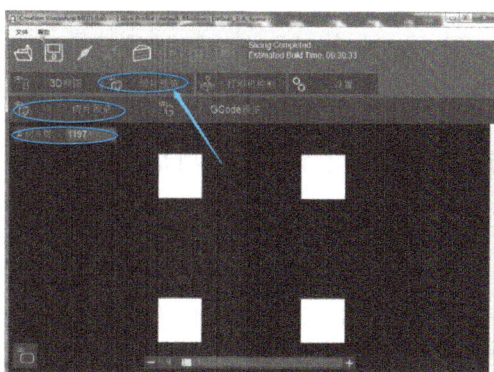

图 2-3-28　切片预览

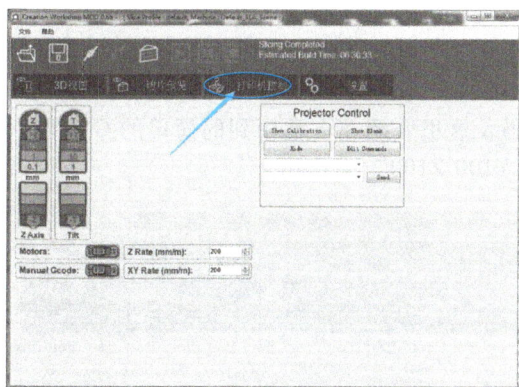

图 2-3-29　打印机控制

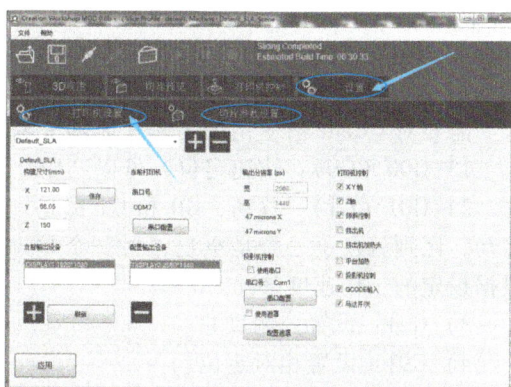

图 2-3-30　设置

构建尺寸（Build Size）：按照实际的模型构建尺寸来填入数值，推荐用直尺测量，以防出错。

输出分辨率（Output Resolution（px））：输出分辨率是根据投影仪的分辨率来的，一般情况下不需要调整。

投影机控制（Projector Control）：如果想要更进一步地优化打印机，可以一个 VGA 转 USB 的接口，连接在计算机上，通过 USB 端口来控制投影仪。

打印机控制（Machine Control）：这里勾选的，表示可以在打印机控制界面下控制。

二、Creation Workshop 切片参数的设置及修改

1. 切片设置参数介绍

如图 2-3-31 所示，"切片参数设置"包含"选项"和"GCode"两个设置模块。

（1）"选项"参数

1）切片层厚（Slice Thickness）：层厚一般设为 0.05mm，根据需求来定，如果使用步进电

97

机，设置太小没有意义（没有作用）。

2）单层曝光时长（Exposure Time）：不同机器、不同树脂的曝光时间不同，需要测试。

3）底层曝光时长（Bottom Exposure）：为了使底层能够在成型平台上粘牢，一般需要设置较大值。

4）底层层数（Bottom Layers）：增加底层层数也是让打印件能够粘牢。

5）开启抗锯齿（Enable Anti-Aliasing）：选择、设置该选项是为了抗失真。

6）图片反转（Image Reflection）：设置沿某坐标轴反射图像。

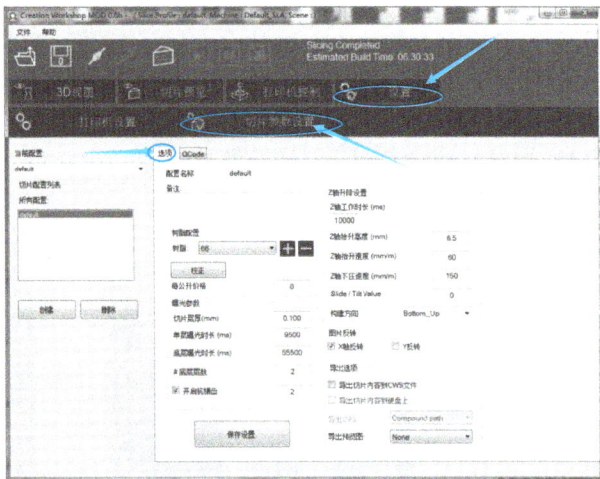

图 2-3-31　选项设置

关于曝光时长，软件本身提供一个树脂校准功能，以便刚开始调试或者换层厚以后来确定最佳的曝光时间，这个校准方法就是设置一个最小曝光时间，并以此为基准，每几层递增 n 毫米，最后取下模型看哪一层曝光时间不足，就能大概确定曝光时间。当然，这个最小曝光时间是在最上层，而第一层肯定是曝光时间最长的。

（2）"GCode"参数

"GCode"参数设置界面如图 2-3-32 所示。

需要对 GCode 有一定的了解才能够来编写代码，这里介绍一下常用到的简单的 G 代码。

1）G00（G0）：快速定位，可以"G00 X100 Y100 Z100"来使用。

2）G01（G1）：移动，G0 和 G1 都是移动，区别就在于一个是空走，另一个是根据设定的工作速度移动。

3）G21：设置公制尺寸。

4）G91：设置相对定位。

5）G28：归零。

6）M280：舵机控制代码，"P"设置插口序号，"S"设置行程距离，如有多个舵机，只要改变"P"后边的数字就可以了。

7）M17：解锁电机。

8）M18：锁定电机。

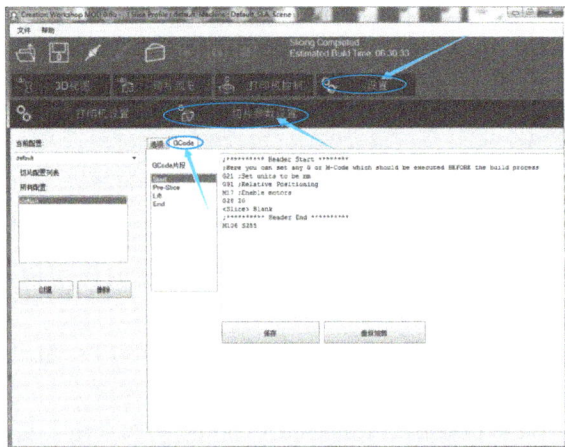

图 2-3-32　GCode 参数设置

2. 加载模型进行参数修改及切片

（1）添加模型　在软件操作界面点击"打开模型"按钮，如图 2-3-33 所示，在"打开"对话框中选择导入要打印的模型（以"手机支架 1"为例），或者直接将模型拖入软件中，如图 2-3-34 所示。Creation Workshop 目前只支持 .stl 格式的文件。

（2）视图控制　前后滚动鼠标中间滚轮可以实现视图的放大和缩小。右键按住视图任意位置，移动鼠标，可以改变视图角度。按下鼠标滚轮，移动鼠标，可以实现模型的整体移动。

（3）移动和旋转模型　如图 2-3-35 所示，左键点击界面中的"移动"命令，将看到 X、

Y、Z 三轴对应的数值"10"（可自己改动），是要变动的距离大小，正负表示方向；点击"旋转"命令，也出现 X、Y、Z 三轴对应的数值"90"（可自己改动），是旋转角度大小，正负也是表示方向。

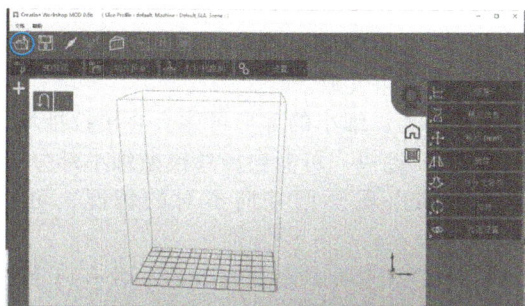

图 2-3-33　打开模型

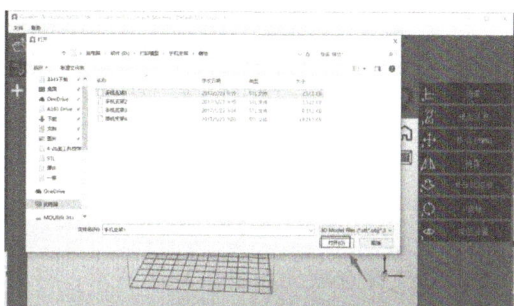

图 2-3-34　添加模型

图 2-3-35　移动与旋转

（4）参数设置　参数设置参照图 2-3-31 所示设置界面，英文界面如图 2-3-36 所示，针对示例模型，具体参数如下：

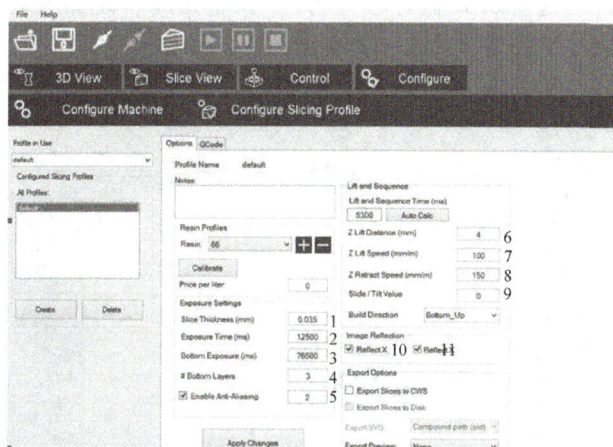

图 2-3-36　参数设置

1）切片层厚，建议设置 0.05mm，打印速度与精度都比较理想。设置范围一般是 0.035～0.5mm，层厚越小精度越高，但打印时间也会越长。

2）单层曝光时长，建议使用默认参数。

3）底层曝光时长，建议使用默认参数，底层固化时间越长，底座粘得越紧。

4）底层数量，即使用底层长时间曝光的层数，建议设为3层。

5）开启抗锯齿，提高模型表面光滑性，普遍设置1.5~2即可。

6）Z轴抬升高度，全尺寸打印模型建议设置4~5mm，小模型1~2mm。如打印的模型大了，抬升高度不够，树脂就无法充分流到模型中间，导致打印失败。

7）Z轴抬升速度，建议设置30~80mm/m，速度太快了，细小的部分可能会直接拉扯坏。

8）Z轴下降速度，建议设置80~150mm/m，下降速度过快，可能会压坏模型细小部分。

9）图片反转，设置切片X轴镜像和Y轴镜像（如出现模型方向不对的情况，可以设置）。

（5）支撑选项　如图2-3-37所示，针对示例模型，支撑选项中需要修改的参数有以下几个：1）底座厚度，设置为0.6mm；2）支撑直径，一般设置为0.6~1.2mm即可；3）支撑密度是指支撑间的间隔大小，设为2~4mm即可；4）最小支撑添加角度一般设为45°。

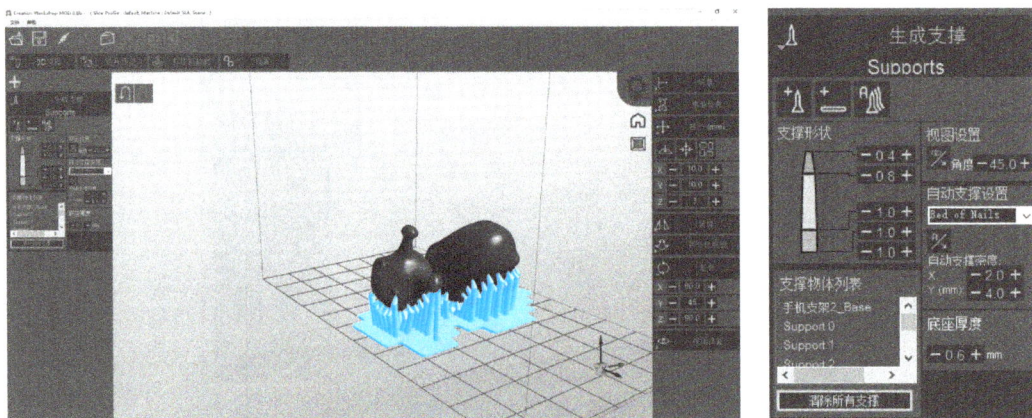

图2-3-37　支撑选项

（6）导出切片文件（这里以U盘打印为例）　调整角度、设置参数、生成支撑以后，点击"保存文件"按钮，导出模型切片文件，如图2-3-38所示。

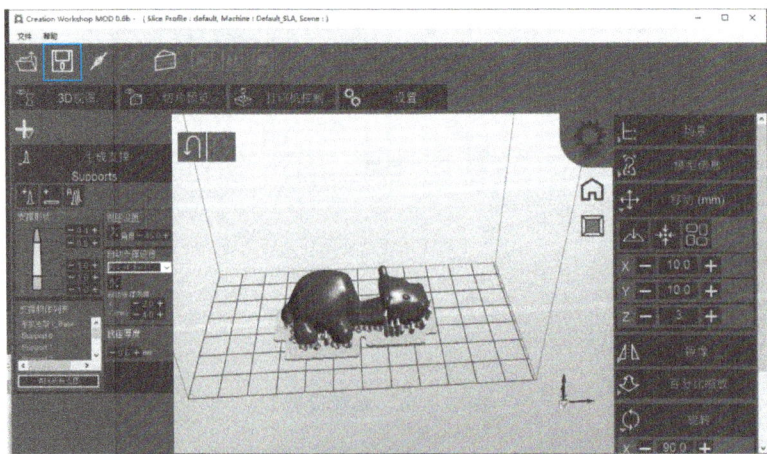

图2-3-38　文件保存

如图 2-3-39 所示，选择储存位置，可以更改文件名，建议用字母和数字命名，然后点击"保存"。打印机无法识别汉字，在打印机上读取时会显示乱码，但不影响打印。模型处理可能需要几分钟，根据模型大小不同，时间不等。必须等切片完成，才能拔出 U 盘，否则无法正常打印。

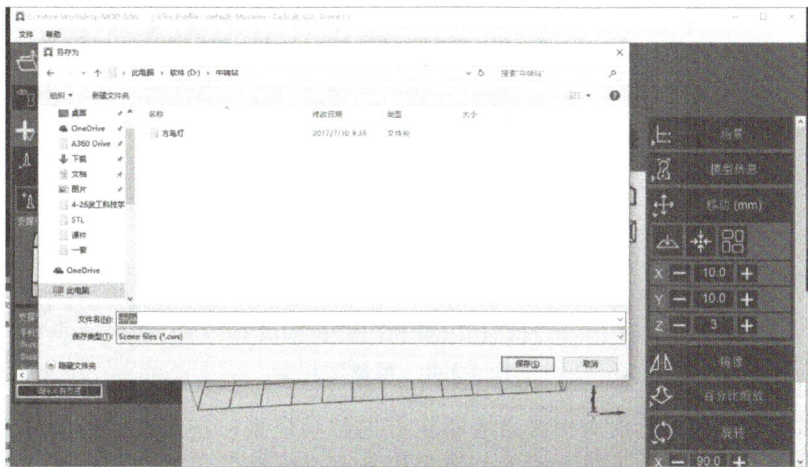

图 2-3-39　切片生成

任务 3　打印埃菲尔铁塔模型实例

任务描述

本任务使用 DLP 光固化 3D 打印机 Phoenix Touch Pro 来制作埃菲尔铁塔模型，切片软件采用 RetinaCreate。当拿到模型进行打印时，首先要检查模型是否存在破面或者缺面的情况。如果出现破损，则需要对模型做前期的处理工作；然后还要针对模型的特点来细化参数设置以及添加支撑等，来提高打印质量。

任务实施

一、模型处理

1）在打印模型前，首先用 Magics 对模型进行检测，如果模型有错误，要及时修正出错的模型。

2）如果模型超出打印机打印的尺寸范围，可以用 Magics 对模型进行切割，然后分别保存，把各部分打印完成后进行拼装。

二、添加支撑及其参数设置

1. 添加模型支撑

1）添加模型。在 RetinaCreate 软件"Scene"菜单下选择"Add Model"（导入模型），导入要打印的模型，如图 2-3-40 所示，或者直接将模型拖入软件中。RetinaCreate 只支持 .stl 格式的文件。

2）视图控制。前后滚动鼠标中间滚轮，可以实现视图的放大和缩小。右键按住视图任意位置，移动鼠标，可以改变视图角度。按下鼠标滚轮，移动鼠标，可以实现模型的整体移动。

3）移动和旋转模型。左键点击模型，将看到模型周围出现红色、绿色和黑色的箭头，如

3

PROJECT

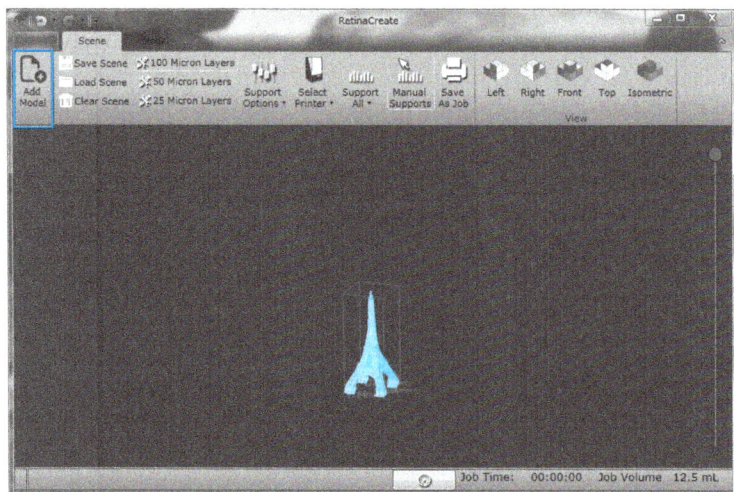

图 2-3-40　模型导入

图 2-3-41 所示。红色和绿色箭头用来沿着指定方向移动模型；左键点击箭头并拖动，可以沿着指定方向移动模型。模型顶部朝上的黑色箭头用来改变模型的尺寸，左击该箭头并拖动，便可以放大或缩小模型。箭头旁边的弧线用来改变模型的角度，绿色、红色和蓝色分别代表 X、Y、Z 方向；左击并拖动弧线即可以实现模型的旋转。

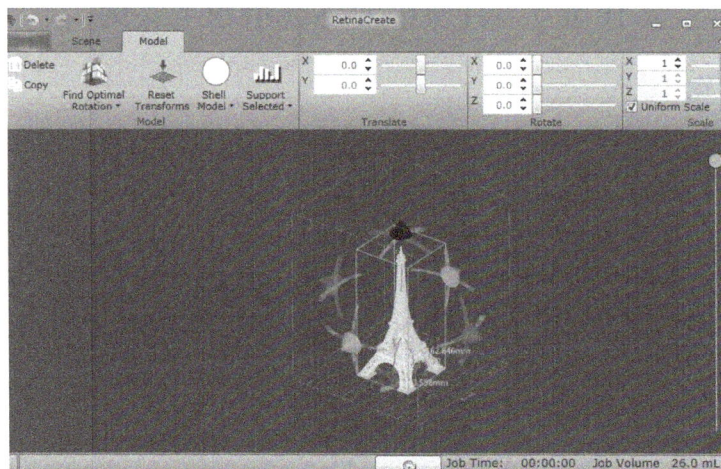

图 2-3-41　模型移动和旋转

4）精度设置。有"100、50、25 Micron Layers"三种精度，如图 2-3-42 所示，单位为 μm，精度越高，相应的打印时间会增长。

2. 支撑参数的设置

1）支撑选项。如图 2-3-43 所示，"Supports"选项中，一般需要修改的参数（单位为mm）有以下几个："BaseHeight"指的是基板的厚度，设置为 2；"CylRadius"指的是支撑直径，一般设置 0.5~1.2 即可；"Model Elevation"指的是支撑的高度，最低为 3；"Support-Space"指的是支撑间的间隔大小，设置 2~3 即可；"Touch Point Diameter"指的是支撑到模型接触点的直径，设置 0.5~1.2 即可。"Cylradius"（支撑直径）与"Touch Point Diameter"（接触点直径）一般大小相同。支撑直径小于等于 0.6 比较好剥离，但是容易脱落。

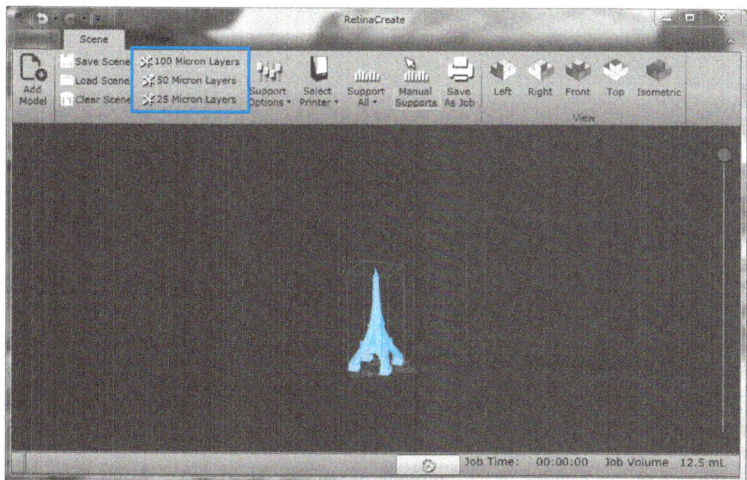

图 2-3-42 精度设置

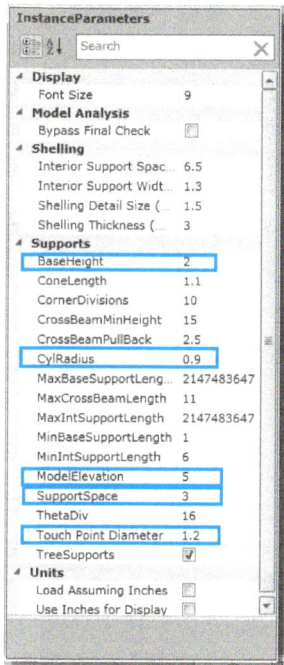

图 2-3-43 支撑参数

2）自动添加支撑。如图 2-3-44 所示，"Support All" 选项中，第一个选项"Support All Using Single Base" 意思是支撑与成型托盘通过一个大平面接触。第二个选项"Support All Using Single Base Per Support" 意思是每一个支撑与成型托盘单独接触；如果想节省树脂，且取模型方便，则选用第二个参数。第三个选项"Generate Base Only" 意思是不加支撑只加基板。"Clear All Supports" 意思是清除所有支撑。

3）手动添加支撑。点击"Manual Support" 可以手动添加支撑。如需删除某个支撑，可以先左键点击支撑，然后按"Delete" 键删除即可。灰色支撑一般表示底部支撑，黄色支撑一般表示非底部支撑，支撑显示为黄色是正常情况，如图 2-3-45 所示。一般添加支撑的那个面的平行度和表面光洁度较差，应适当放置模型以减少支撑。

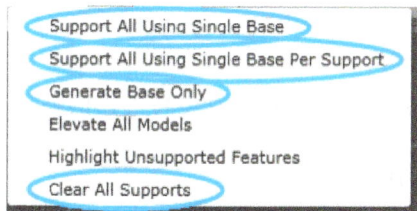

图 2-3-44 自动添加支撑

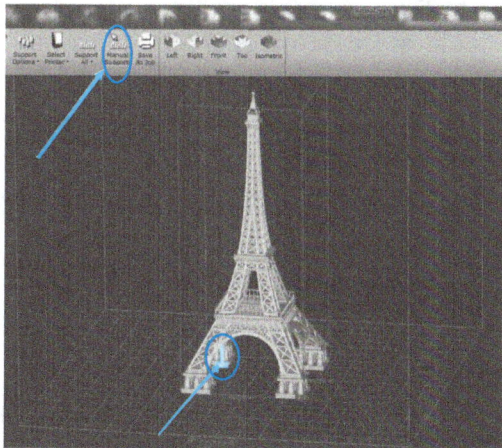

图 2-3-45 手动添加支撑

3 PROJECT

3. 模型界面参数

如图 2-3-46 所示，"Model" 选项中，"Find Optional Rotation" 指的是自动找到合适的打印角度，对于简单的模型可以采用此项设置；对于复杂的结构件或机械零件，应根据具体情况手动调整角度。"Reset Transforms" 是复位，能够让模型恢复初始状态。"Shell Model" 是空心设置，适用于体积较大的模型。"Support Selected" 用于设置单个模型的支撑。

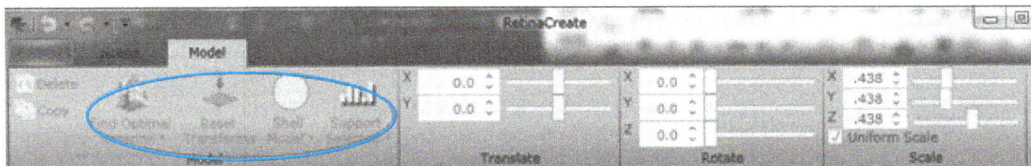

图 2-3-46　模型界面参数

4. 导出切片文件（以 U 盘打印为例）

调整角度、设置参数、生成支撑以后，点击 "Print To File" 导出模型，如图 2-3-47 所示。

如图 2-3-48 所示，提示模型中有 11 处可能需要手动添加支撑。如果确认无须添加支撑，点击 "是"；如需添加，点击 "否"，退回到软件界面手动添加支撑，再继续导出操作。

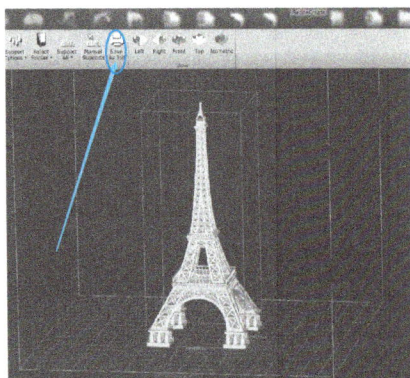

图 2-3-47　导出模型

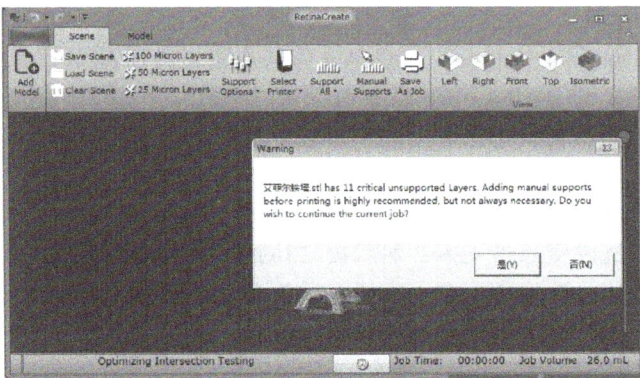

图 2-3-48　系统提示

最后，选择储存位置，可以更改文件名，建议用字母和数字命名，然后点击 "保存"。打印机无法识别汉字，在打印机上读取时会显示乱码，但不影响打印。模型处理可能需要几分钟，根据模型大小不同，时间不等。必须等切片完成，才能拔出 U 盘，否则无法正常打印。

三、模型打印

1）将 U 盘插入打印机内存卡槽中，然后操作机器，开始打印（为提高机器的使用效率，这里打印两个模型），如图 2-3-49 所示。

2）底层打印好后，可以看得到模型，如图 2-3-50 所示。

3）打印完一大半后，模型基本成型，如图 2-3-51 所示。

4）即将打印完成的埃菲尔铁塔模型，如图 2-3-52 所示。

3 PROJECT

图 2-3-49　开始打印

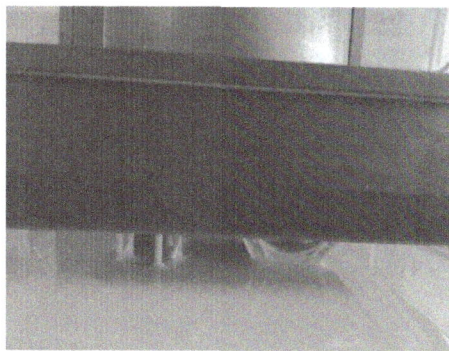

图 2-3-50　底层打印

图 2-3-51　打印中

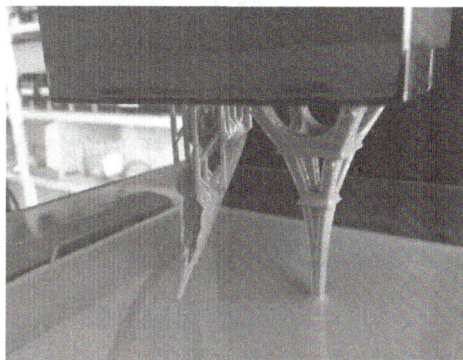

图 2-3-52　即将打印完成的埃菲尔铁塔模型

四、模型后期处理

1. 取下模型

打印完成以后，戴上橡胶手套和一次性口罩，将成型托盘取出，取出前使用一个 10cm×15cm 的纸张或板子挡住托盘下方。注意不要将树脂溅落在树脂槽之外。取出树脂槽之前一定要先取出成型托盘，以免成型托盘上的树脂滴落到机器内部，损坏机器。

2. 酒精清洗

用小平铲铲下成型托盘上的模型，用纸巾蘸取酒精擦洗成型托盘，擦洗以后用酒精冲洗掉成型托盘表面的碎屑，然后用吹风机吹干成型托盘即可。也可放置在桌面上晾干，晾干后即可放回打印机中。

3. 打磨及二次光固化

取下的模型用弯头镊子去除支撑，然后用雕刻刀、锉刀和砂纸处理和打磨一下支撑与模型的接触部分，使表面光滑。再用酒精冲洗一遍模型，放置在阳光下晾干，或者放在紫外灯烤箱里进行二次固化，1 个小时左右。

4. 清洗树脂槽

使用一段时间后，树脂槽里的树脂可能会有杂质，需要用过滤纸进行过滤。将树脂过滤到一个干净的烧杯里，再用纸巾和无尘布蘸取少许酒精擦干净树脂槽。

5. 最终实物图

经过去除支撑、酒精清洗、二次光固化等后期处理后，如图 2-3-53 所示为处理后的完整模型图。

图 2-3-53　处理后模型

3

PROJECT

项目四 PLC变频器外壳3D打印

任务1 了解联泰光固化 LITE600 3D 打印机

任务描述

联泰光固化 LITE600 3D 打印机属于 SLA 型打印机，本任务将结合其原理知识，详细介绍联泰光固化 LITE600 3D 打印机的工作原理、机械结构、控制系统以及适用材料等。

任务实施

一、LITE600 工作原理介绍

SLA 即光固化快速成型法，是用特定波长与强度的激光聚焦到光固化材料表面，使之由点到线、由线到面顺序凝固，完成一个层面的绘图作业，然后升降台在垂直方向移动一个层片的高度，再固化另一个层面。这样层层叠加构成一个三维实体。其工艺过程是，首先通过 CAD 设计出三维实体模型，利用离散程序将模型进行切片处理，设计扫描路径，产生的数据将通过数控装置精确控制激光扫描器和升降台的运动；激光光束通过扫描器，按设计的扫描路径照射到液态光敏树脂表面，使表面特定区域内的一层树脂固化，当一层加工完毕后，就生成零件的一个截面；然后升降台下降一定距离，固化层上覆盖另一层液态树脂，再进行第二层激光扫描，第二固化层会牢固地粘接在前一固化层上，这样一层层叠加形成三维模型。将模型从树脂中取出后，进行最终固化，再经打光、电镀、喷漆或着色处理即得到要求的产品。

LITE600 3D 打印机即基于 SLA 成型原理进行模型打印。

二、LITE600 机械结构介绍

机械主体部分主要由机架、Z 轴升降系统、树脂槽、涂覆系统、液位调节系统构成。

1. 机架

机架为槽钢、空心方钢、角钢混合式框架结构。机架下安装可调地脚，用于调整设备的水平。为便于搬运，装有四个脚轮。机器安装到位时，把地脚调整至脚轮，并调整机床，使 Z 轴垂直于水平面。移动机器时，调整地脚，使脚轮着地，直至可顺利移动机器。

2. Z 轴升降系统

Z 轴升降系统的作用是带动托板上下移动。托板是模型成型的平台，是一块带有密集小孔的不锈钢板，每固化一层，托板就要下降一个层厚。Z 轴采用滚珠丝杠和直线导轨结构，并采用伺服电机作驱动元件。Z 轴的上下极限位置各有一个限位开关，分别称为上限位开关和下限位开关，用来进行 Z 轴电气的限位保护；同时，在 Z 轴基板上还带有弹性机械挡块，进行机械保护。

3. 树脂槽

树脂槽采用不锈钢焊接而成，两侧有保温层，并内置有铸铝加热板，如图 2-4-1 所示。

树脂槽由主槽和液位检测区组成，它们之间互相连通。液位检测区上方装有一个液位传感器，用以检测液位高度变化并反馈给控制系统，从而通过调节平衡块来保持液位稳定。

4. 涂覆系统

涂覆系统的作用是在固化层上面再覆盖一层一定厚度的树脂薄层，以便继续固化过程，采用吸附式涂覆机构。图 2-4-2 所示为原理简图：

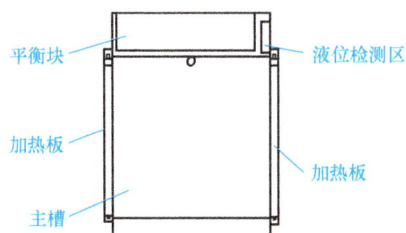

图 2-4-1 树脂槽结构图

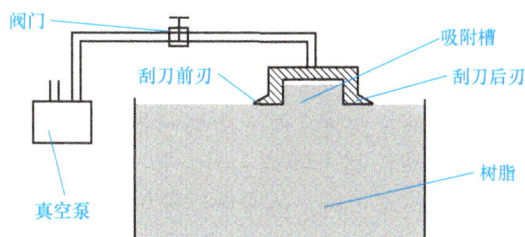

图 2-4-2 吸附式涂覆结构原理图

当一层固化完成后，托板下降一个层厚，刮刀进行涂刮运动，当刮刀运动时，真空泵开始抽气工作，把真空表调到一定的压力后，刮刀吸附槽中会始终吸有一定高度的树脂。吸附槽中的树脂会涂到已固化的树脂表面，并且未固化部分的树脂会吸附到吸附槽中，并向已固化部分进行补充。设置适当的速度，可使较大的区域得到涂覆。涂覆机构中刮刀前刃和后刃的作用有二，其一是修平多余树脂，使液面平整；其二是消除树脂中产生的气泡。

当出现大截面时，仅采用涂刮运动难以保证可靠涂覆，会出现某些地方涂覆不满的现象，这须通过"浸没"式涂覆来解决。"浸没"式涂覆过程如图 2-4-3 所示：

当前层固化完以后（图 2-4-3a），托板下降较大的深度（下潜深度）并稍作停顿（图 2-4-3b），此参数在工艺参数中设置（例如设为 5mm），这一步骤的作用是为了克服液态树脂与已固化层面的表面张力，使树脂充分覆盖已固化层。然后，托板上升至比上一层低一个层厚的位置（图 2-4-3c）；接着刮刀按设定的次数做刮平操作，其作用是把托板上升过程中堆积在零件顶层上的多余树脂刮掉，若没有这一动作，由于树脂的黏度较高，靠其自然流平需要较长时间，当然这一时间与零件顶层的形状有关，一般连续部分面积越大，时间越长。

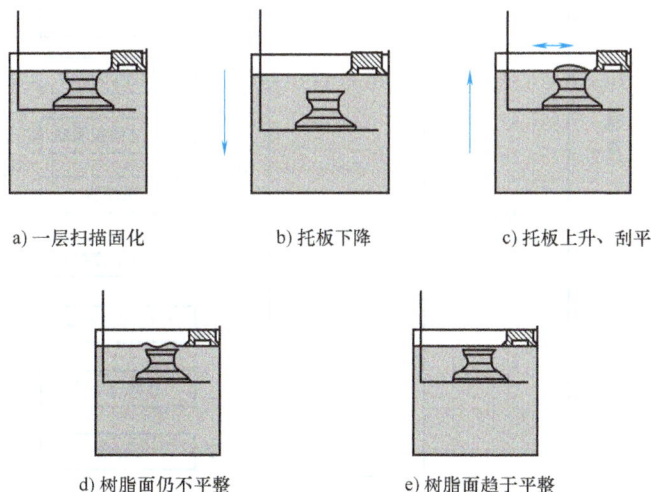

a) 一层扫描固化　　b) 托板下降　　c) 托板上升、刮平

d) 树脂面仍不平整　　e) 树脂面趋于平整

图 2-4-3 "浸没"式涂覆示意图

4

PROJECT

刮平后，由于液面下边界条件的影响以及树脂的粘流特性，树脂面虽比刮平前平坦，但仍不平整（图2-4-3d），需要等待一定的时间才能平整（图2-4-3e）。

5. 液位调节系统

液位调节系统的作用是控制液位的平稳，液位稳定的作用有二：其一是保证激光到液面的距离不变，始终处于焦平面上；其二是保证每一层涂覆的树脂层厚一致。引起液位变化的原因有很多，主要有树脂的热胀冷缩、蒸发、树脂固化的体积收缩、Z轴移动机构的升降引起树脂槽容积的变化等等。LITE600采用平衡块填充式液位控制原理，如图2-4-4所示，由液位传感器、平衡块组成。液位传感器实时检测主槽中树脂液位高度，当Z轴上升下降移动时，必然引起主槽中液位变化，而平衡块则根据检测液位值的结果自动控制下降或上升，以平衡液位波动，形成动态稳定平衡，从而保持液位的稳定。

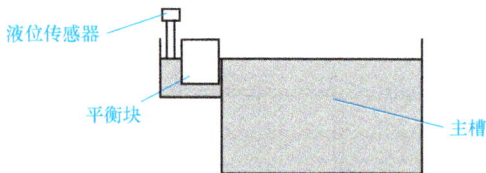

图 2-4-4　平衡块填充式液位控制原理图

三、LITE600 控制系统介绍

控制系统主要由工控机、振镜运动控制卡、伺服运动控制系统、报警控制系统、温度控制系统、激光功率检测系统、负压控制系统构成。如图2-4-5所示，是LITE600控制系统的基本结构。

1. 工控机

控制计算机采用凌华 MXC-4002D/M2G（G）工业控制计算机，配置见表2-4-1，它用来存储加工文件并负责控制整个机器。工作时，实时生成扫描矢量及各种控制指令，通过485总线将控制命令下发给PLC，并能够接收到PLC上传的各传感器及电机驱动器的反馈信息。

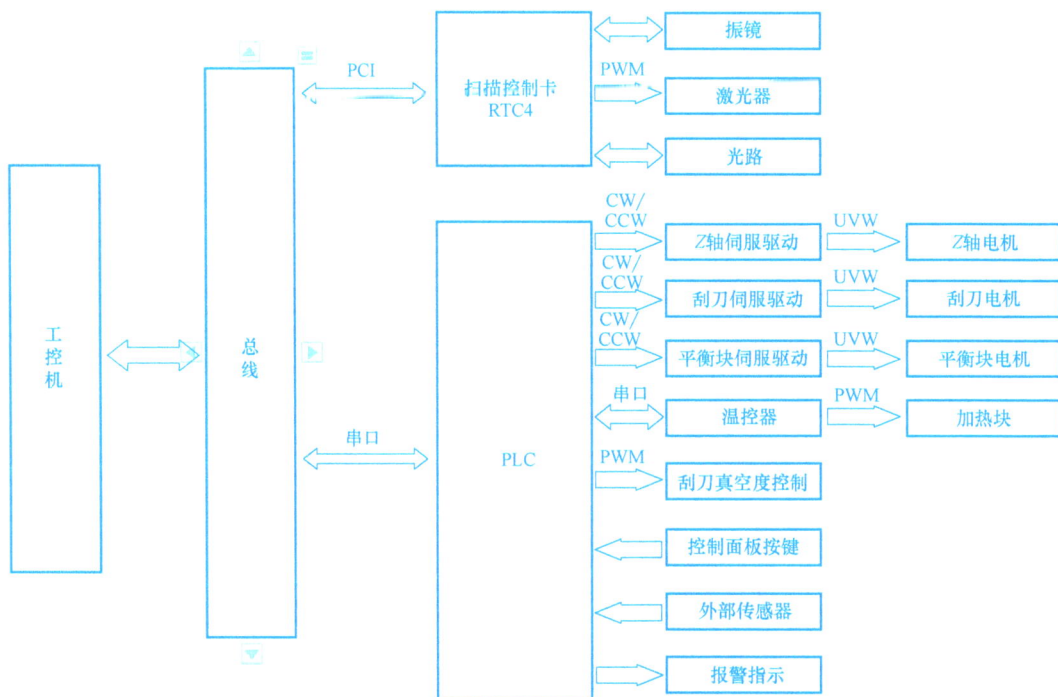

图 2-4-5　LITE600 控制系统基本结构图

表 2-4-1 控制计算机的配置

CPU	Intel AtomTMD5101.66GHz 双核
内存	2GB DDR2
I/O 接口	4×corn、2×RS232 和 2×可编程的 RS232/422/485
显示器	15 寸液晶工业显示器

2. 振镜运动控制卡

LITE600 通过插在工控机 PCI 总线插槽中的 RTC4 控制卡控制激光器的通断、振镜的扫描和动态聚焦镜的协调运动。

3. 伺服运动控制系统

三个运动轴均采用进口松下伺服驱动器和电机，实现了每个轴运动过程的闭环控制，具备很好的指令快速响应和过流保护性能，采用 20bit 高分辨率增量式光电编码器反馈信号，实现精确的速度控制和位置控制，确保各移动部件运动平稳、定位准确。

4. 报警控制系统

采用松下 AFPX-XHC60TPLC 作为下位机的主控器。输入信号为控制面板按键状态、限位开关、微机信号、液位传感器、温度传感器、压差传感器等部件信息，通过逻辑适算（如报警逻辑等），实现机器各部分的电源通断控制、刮刀涂覆机构的真空度闭环控制、液位调整、Z 轴及刮刀的闭环运动控制等。报警时，设备上部的状态指示灯红光闪烁。典型报警场景如下：

1）当温度报警时，关掉加热电源。

2）当任意限位开关动作，PLC 会报警，关掉伺服电源。

3）当刮刀吸附面脱离树脂液面较多，造成刮刀内腔的负压一直不能形成，PLC 会驱动黄灯闪烁警示。

5. 温度控制系统

温控器采用智能温控模块，加热器采用铸铝加热板。温度传感器采用金属铂电阻 Pt100。温控器的 PID 参数通常已调至最佳状态，请勿变动，否则会导致温度波动过大。

6. 激光功率检测系统

在成型室内装有一个激光功率检测头。通过软件控制激光光束，可以照射激光功率检测头，采用自制的功率检测板采集激光功率检测头的输出信号，并将放大后的激光功率模拟信号上传给 PLC，PLC 完成对模拟信号的采集、滤波处理等，然后通过串口将激光功率值上传给上位机，在计算机程序界面显示激光功率值，上位机根据检测到的激光功率值自动改变激光扫描速度。需要注意激光功率检测头有保护盖，在工作时打开，不工作时盖上，不能用任何东西碰触其中间部位，否则将损坏激光检测头。

7. 负压控制系统

设备的吸附式刮刀具有负压自动调节功能，系统能够自动调节真空泵的工作情况，实现对刮刀负压的全闭环控制，实现刮刀负压目标值的快速、平稳形成，并确保成型过程中刮刀负压的稳定。

四、树脂材料介绍

1. 光敏树脂材料简介

SLA 工艺是基于液态光敏树脂的光聚合原理工作的。这种液态材料在一定波长和功率的紫外光照射下能迅速发生光聚合反应，分子量急剧增大，材料从液态转变成固态。

光敏树脂即 UV 树脂，由聚合物单体与预聚体组成，其中加有光（紫外光）引发剂（或

4 PROJECT

称为光敏剂）。在一定波长的紫外光（250～300nm）照射下立刻发生聚合反应，完成固化。光敏树脂一般为液态，用于制作高强度、耐高温、防水的材料。光敏树脂耗材打印的模型，如图2-4-6和图2-4-7所示。

图 2-4-6　光敏树脂耗材打印的模型 1

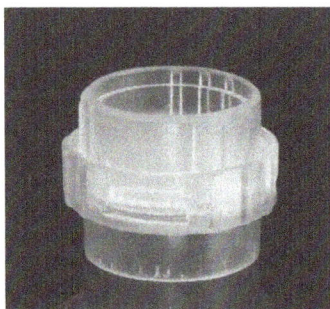

图 2-4-7　光敏树脂耗材打印的模型 2

2. 光敏树脂构成与分类

光敏树脂中一般都含有单体、预聚物和光引发剂，有的还有一些添加剂，如流平剂、消泡剂、色浆等。单体和预聚物会影响最终固化后的机械性能，而光引发剂直接决定它的固化波长，光引发剂会在一定波长光的照射下引发聚合反应。

预聚物在光敏树脂中具有加快固化、减少收缩、调节黏度等作用，是光敏树脂的主要成分，在一定程度上决定着打印制品的力学性能。而单体是一种含有可参与聚合反应官能团的有机小分子，能够参与光固化交联反应，具有溶解稀释低聚物和引发剂、调节体系黏度的作用。

总而言之，树脂流动性好的，固化速度慢，流动性差的，固化速度快，可以根据项目的要求选择。同时，收缩率越小越好。

通常，光敏树脂按光引发剂不同可以分为自由基固化体系、阳离子固化体系和混合固化体系。

1）自由基型光敏树脂固化速率快，但固化收缩率大，且氧气会阻止树脂的固化，CLIP技术就是利用这个原理将打印速度大大提升的。

2）阳离子型光敏树脂固化速率慢，固化收缩率小。

3）混合固化型光敏树脂兼顾了前面两种类型的优点，并尽量减少其各自的缺点，是现在的主流材料。

任务2　掌握 LITE600 3D 打印机的操作与使用

🔄 任务描述

本任务将结合其工作原理，详细介绍 LITE600 3D 打印机的操作与使用方法，说明设备操作中可能遇到的问题及解决办法。

🔄 任务实施

一、打印机硬件操作

1. 控制面板操作

控制面板如图2-4-8所示。图中从左往右、从上到下，功能硬件依次是：急停按钮、显示屏、操作面板、钥匙开关、键盘鼠标。

4 PROJECT

控制面板常用操作如下：

1）机器上电操作：确认急停按钮处于释放状态，推按电源启动按钮，总电源上电，面板上的电源指示灯亮，计算机自检启动。

2）机器断电操作：按 Windows 关机程序关闭工控机；按下急停按钮，机器断电。

3）机器状态指示：机器正常时，状态指示灯恒亮；当机器有故障报警时，指示灯闪烁。

4）操作面板（图 2-4-9）状态：如果按键上的相应指示灯灭，表示相应的电源关，反之表示相应的电源开。某键指示灯灭时，按动相应键，则此键亮；某键指示灯亮时，按动相应键，则此键灭。面板上的键并无互锁关系。发生温度报警时，PLC 关掉加热电源；当任意限位开关动作时，PLC 关掉驱动电源。

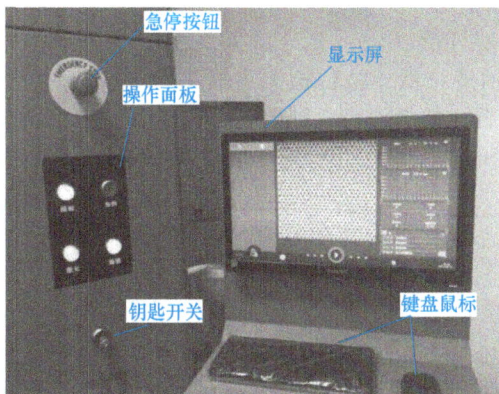

图 2-4-8　控制面板

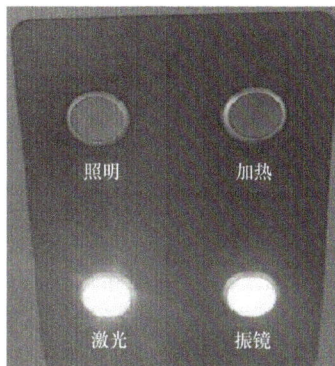

图 2-4-9　操作面板

2. 开机

开机基本步骤如下：

1）按上述方法使机器上电。

2）按"加热"按钮，打开温控器，加热器开始加热。

3）按"振镜"键，打开振镜。

4）按"激光"按钮，打开搬光电源。

5）按"照明"按钮，打开光路。

6）开启撤光器。

7）将激光器面板上的钥匙保险打开，计算机屏幕显示 System Initialization Please wait；直到屏幕显示为

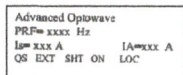

| Advanced Optowave |
| PRF= xxxx Hz |
| I₀= xxx A   IA=xxx A |
| QS EXT SHT ON LOC |

，依次点亮"DIODE""QS-ON""SHI-ON"。按下"CURRENT"上面的"+"，调整到 10.5A 的额定电流。

注意，激光器打开 1 小时后，激光才稳定，但不影响加工。

3. 加料操作

1）判断是否需要加料：使托板处于零位，并确认树脂循环系统已开启，液位控制正常，检测树脂高度是否位于液位检测边框下 3~10mm 的位置，若是，则无需加料；若否，则要加料或去料。

2）加料：托板回零，并上移至 5mm 位置，液位平衡块回零，往主槽中缓缓倒入适量树脂，直到槽中的树脂低于液位检测边框 3mm 左右，切勿多加。

3）加料后使托板回零。

4. 激光功率测量

打开驱动电源及激光器电源，正常操作打开激光器，打开激光功率检测头的金属保护盖；打开 RSCON 软件（LITE600 3D 打印机配套操作软件），在"激光"栏中点击"功率"，等待几秒钟后，RSCON 程序界面自动显示当前激光功率。

5. 加工零件操作

在正常开机后，依下列步骤加工零件：

（1）启动 RSCON 软件。

（2）工况确认。

1）测量并记录激光功率，确认激光功率正常。

2）确认是否要加料，如果需要，则执行加料操作。

3）确认树脂温度达到 30℃。如果没有，则需要等待。

4）确认树脂液位调节系统运转正常，并且主槽液位低于液位检测边框 3mm 左右。

5）确认托板位置已回零并处于与液面平齐的位置，如果没有，则要在 RSCON 的控制面板内操作，调整托板位置。注意，托板可略高于液面（0.5mm 以内），但一定不能让液面漫过托板。

（3）零件加工

1）根据加工层厚和激光功率设置工艺参数。退出并重新启动 RSCON，使新工艺参数生效。

2）把待加工的分层文件转换成机器内部数据格式。

3）打开加工文件，进行加工模拟。

4）退出并重新启动 RSCON，打开加工文件，观察加工过程。

5）每隔一定时间（例如 15 分钟）观察一次加工过程，若有异常，可随时暂停或退出打印，排除故障或修改工艺参数后重新开始加工。

（4）加工过程注意事项

1）不要长时间观看激光光斑。

2）不要频繁开关成型室门。

3）不要频繁开关成型室照明灯。

4）不要磕碰机器。

6. 停机取件与后处理

1）零件加工完成后，计算机会给出提示信息，一般初学时记录屏幕上显示的加工时间。

2）Z 轴回零，并可适当把托板再抬高一定的距离。

3）等待一定的时间，让液态树脂从零件中充分流出。

4）用小铲将零件铲起，小心从成型室取出，放入专用清理盆中，注意防止树脂滴到导轨和衣物上；关闭成型室门。

5）用工业酒精和毛刷把零件清洗干净。

6）小心去除支撑，支撑面朝上放入后固化箱中进行后固化。

7. 关机

先退出 RSCON 软件，关闭计算机，然后按下急停开关，关闭所有电源。

硬件设备关机步骤：

1）关激光器；2）关工控机；3）将操作面板上的"照明"按键按熄；4）依次将"加热""激光""振镜"按键按灭；5）扭动设备面板钥匙开关至"O"处；6）将 UPS 电源断电；7）关掉 UPS 电源。

注意：

1）操作面板上的"激光""振镜"按键需按 3 秒以上才能按灭。

2）操作面板上急停按钮用于误操作时保护机械运功系统，平时处于常开状态。

二、激光器的使用

1. 激光器的安全使用注意事项

激光器和激光设备本身是安全的，有充分的安全考虑。但如果使用不当，就很危险。使用者应充分掌握所有安全要点。以 AOC 激光器为例进行说明。

532nm 和 355nm 系列激光器全部属于 Class Ⅳ 高功率激光器。Class Ⅳ 高功率激光器如果使用不当，以致眼睛和皮肤受到直接光束或散射光束照射时，都会伤害眼睛与皮肤。

操作和使用激光器需要遵守以下规范：

1）眼睛不能直视激光束，包括漫反射的激光。

2）操作激光器时不要佩戴宝石、钻石饰物，不要佩戴手表。

3）操作激光器时需要佩戴合格的防护眼镜。

4）用荧光板检查光路。

5）确保光路不在视平线上，使用封闭的光路。

6）在激光区域张贴激光辐射危险标记，如图 2-4-10 所示。

2. 激光器的开启和关闭

（1）激光器正常开启程序

1）闭合总电源开关。激光器电源背面板白色的电源总开关尽可能正常闭合，使激光器处于上电状态。激光器断电上电时，等候三分钟后再开控制箱钥匙开关。

图 2-4-10　警告标签

2）打开控制箱钥匙开关。预热 15 分钟，查看水温是否达到要求。尤其在冬天，注意水箱开关要一直开，水箱开关受控制箱钥匙开关控制。

3）按"SHT-ON"按钮打开光闸（Shutter）开关。

4）设置需要的工作电流值，设置正常的工作频段。在正常频率段工作，激光器工作电流为额定电流，在不正常频率段工作，一定先与设备公司沟通。

5）按"diode on"按钮，相应灯亮，并观察显示面板，检测电流值是否等于设定值。

6）等 5 分钟，按亮"QS-ON"按钮，打开 Q 开关。

7）前面板操作-初始化。激光器工作温度范围为 15～35℃。在工作温度范围外，激光器会报警。其他问题，如联锁（Interlock）被打开、激光二极管（LD）超温、激光头超温，激光器会自动关闭，并在 LCD 屏幕显示出错代码信息。在重新开启激光器前，务必对出错情况做相应处理并重置。

（2）激光器正常关机程序

1）按灭"QS-ON"按钮，关闭 Q 开关。

2）减电流至"0"。

3）按灭"diode on"按钮，相应灯灭。

4）按灭"SHT-ON"按钮，关闭"KEY"前必须先运行 5 分钟，目的是让二极管冷却。

5）关闭控制箱钥匙开关。

6）保持总电源开关闭合，激光器电源常开。

3. 激光器维护标准流程

（1）日常维护

1）应一直保持抽湿机运转，使工作室内湿度≤40%。

2）保持室内及设备清洁卫生。

3）如果设备进行打印加工，应确保空调工作，使室内温度保持在 22～24℃。

4）如果设备进行打印加工，取下工件后应及时清理托板及刮刀，清除它们上面的残渣，擦净滴在刮刀支架及工作室内的树脂。

5）如果设备经常使用，应一直保持树脂加热，温度控制器温度显示在30℃左右。

6）设备不打印时，检查关闭激光器、伺服、树脂循环电源。

7）应避免设备室内被含紫外线的光源照射。

8）设备内照明灯仅供操作人员观察打印时使用，观察完后应及时关闭。

9）设备玻璃门仅供操作人员打印操作时打开，如无需要应及时关闭。

10）设备室内禁止存放酒精类易挥发性物质。

11）设备室内禁止吸烟，禁止任何移动、振动设备行为。

（2）每周维护

1）参照日常维护内容进行维护。

2）如果设备3~4天不需打印，可关闭设备电源，即可停止树脂加热；但在下次打印时，需开启加热，并等待温度控制器稳定在30℃左右后才可进行打印。

3）检查树脂循环部分运转是否正常。

4）检查激光器能否正常开启，检测激光功率。

5）检查刮刀及 Z 轴能否按指令正确动作。

（3）每月维护

1）参照日常、每周维护内容进行维护。

2）树脂循环部分检查。可适当给轴承加润滑油，注意不要让润滑油滴入树脂中。

3）刮刀运动机构检查。适当从设备后部给刮刀两导轨和驱动电机轴承加润滑油，注意不要让润滑油滴入树脂中。

4）Z 轴运动机构检查。适当从设备后部给 Z 轴驱动电机、导轨及配重块部分轴承加润滑油，注意不要让润滑油滴入树脂中。

（4）季度（三月）维护

1）参照前者维护内容进行维护。

2）检查真空泵能否正常运转。及时调整刮刀吸附树脂效率。

3）检查树脂循环部分能否正常运转。如果循环效率下降，可以用备用循环皮带更换。

4）检查光路系统。如果两个反射镜表面有积灰，可以用光学镜头纸蘸取99%以上酒精擦拭镜面，并及时调整反射角度。

5）做测试件。检测工件尺寸及打印状况，及时调整刮刀和修改加工工艺参数。

（5）半年维护

1）参照前者维护内容进行维护。

2）检查各电气板指示灯是否正常。如有故障，可及时用备用板更换。

3）检查真空泵能否正常运转。如有故障，可及时用备用泵更换。

4）检查树脂循环部分能否正常运转。如有故障，可及时用备用电机更换。

（6）一年维护

参照前者维护内容进行维护。

如果有其他异常，应与设备供应商联系。

4. 激光器的保养

1）激光器的光路最好采用封闭式，以免灰尘污染，造成功率下降和镜片损坏。

2）定期检查激光器窗口是否损坏，或清洁窗口。

3）定期检查冷却系统。风冷系统，对激光头换热片进行吸尘处理；水冷系统，检查水管，保持冷却液畅通，并对冷水机进行清洁（含进水口、换热器）。

4）定期检查激光控制箱的进风口是否有异物堵塞。

5）定期更换冷却液。

6）使用跟踪记录表记录激光器功率。

7）关闭激光器时，应保留控制箱总电源开关处于打开状态。

三、打印机的日常维护和保养

1. 机械系统的维护

1）每次打印完成，应该清理掉托板上的树脂固体残渣，堵塞的空洞应及时疏通。

2）树脂循环机构的维护。每隔一两周要给 Z 轴以及 X、Y 轴上的轴承、丝杠以及导轨上油。

3）导轨上溅上树脂，可以用酒精擦拭干净。

4）刮刀上若有异物应该及时清理掉。

2. 刮刀的清理

打印完成后，将刮刀回零，用刮刀清理工具轻轻擦理刮刀内腔以及刮刀刀刃，将上面残留的固体清理出来丢掉。

3. 机器限位以及解除

（1）Z 轴限位　当 Z 轴向下或向上运动超过极限位置，会发生限位。此时 PLC 自动控制关闭驱动电源，面板上的状态指示灯闪烁。按下触摸面板上树脂与温控键，关闭树脂循环与加热，此时驱动指示灯亮，通过软件操作使 Z 轴向相反方向，脱离极限位，重新按树脂与温控键，开启树脂循环与加热。

（2）刮刀限位　当刮刀由于各种原因碰到机器里侧的限位开关时，会发生刮刀限位，此时 PLC 自动控制关闭驱动电源，面板上的状态指示灯闪烁。按下触摸面板上树脂与温控键，关闭树脂循环与加热，此时驱动指示灯亮，通过软件操作使刮刀回零，脱离极限位，重新按树脂与温控键，开启树脂循环与加热；或者直接手动将刮刀往窗口方向拉回一点，驱动指示灯即变亮，再通过软件操作使刮刀回零。

任务 3　掌握切片软件 Magics 的操作

任务描述

Magics 是一款处理 STL 模型文件的软件，本任务要求学生掌握 Magics 软件的功能和操作方法，能够使用 Magics 进行上机处理，对不同的模型进行切片练习，并了解打印的参数和条件。

任务实施

一、Magics 的基本操作

1. 显示方式和操作方式

在 Magics 中，STL 格式文件可以有多种显示方式和操作方式。有两种方法控制零件的显示方式：一种是变动视角位置，一种是旋转零件。这些操作可以通过 View 工具菜单和 View 工具栏来访问。View 工具栏中包括缩放、实时旋转和平移等功能；View 工具菜单中包括显示模式，默认视图和剖面视图。

（1）视图模式　View 工具菜单及显示模式如图 2-4-11 所示，视图模式各功能说明见表 2-4-2。

4 PROJECT

Shade		
Wireframe		
Shade&Wire		
Triangle		
Bounding Box		
Transparent		
Smooth Shading		

| a) 工具菜单 | b) 阴影和线框模式 | c) 三角面片模式 |

图 2-4-11　View 工具菜单中的显示模式

表 2-4-2　视图模式各功能的说明

选项	描述
阴影(Shade)	按照三角面片的方向性用阴影来显示零件
线框(Wireframe)	显示零件的边界线,这个边界线是根据相邻三角面片间的角度来定义的。当两个三角面片之间的角度超过一定值就加上边界线,这个角度可通过 Magics 设置菜单来实现
阴影和线框(Shade&Wire)	同时显示零件的阴影和线框
三角面片(Triangle)	显示所有的三角面片,这种模式再现了 .stl 格式
边界盒 (Bounding Box)	只显示零件的边界盒(x、y、z 方向),这种模式对于操作具有大量三角面片的零件十分有必要。而且,因为零件的其他部分将不可见,将只显示少量的错误边界

（2）旋转　在 Magics 中，.stl 格式文件的旋转方式有三种：实时、相对和七种默认视角，所有这些旋转操作都可以通过 View 工具栏中的"实时旋转"来完成，功能说明见表 2-4-3。

表 2-4-3　旋转功能说明

图标	功能
○	零件绕着垂直于屏幕的轴来进行旋转
✛	光标的移动带动零件旋转,转动轴为零件的中轴
鼠标快捷方式:如果要利用鼠标右键进行旋转操作,只需要按住鼠标右键并进行移动即可,同时,光标变成移动状态	

（3）缩放　视图工具栏有多个缩放选项，功能说明见表 2-4-4。

表 2-4-4　缩放功能说明

图标	功能
🔍	可以实现零件指定部分的放大。在需要缩放的地方单击鼠标左键并拖拽出一个窗口,此部分将放大显示
🔍+	单击一次,自动放大 20%
🔍-	单击一次,自动缩小 25%
🔍✗	"恢复"功能,可以实现在界面中显示全部的零件
🔍	"退后"功能,可恢复到前一步的缩放状态

（续）

图标	功能
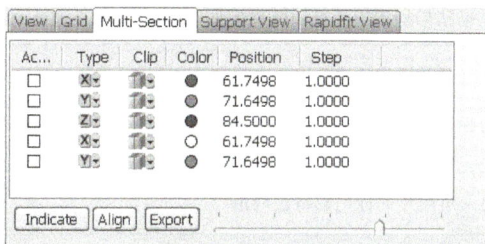	该功能可实现零件和平台的全部显示

鼠标快捷方式：

1）缩放功能可以通过鼠标滚轮来实现，向前滚动放大，向后滚动缩小

2）如果鼠标没有滚轮，按住 CTRL 键的同时按住鼠标右键也可以实现缩放功能。向前移动鼠标缩小，向后移动放大

（4）显示选项　以细小三角面片和错误边界显示为例，显示选项功能说明见表 2-4-5。

表 2-4-5　显示选项功能说明

选项	功能
Flipped Triangles Invisible Flipped Triangles Visible Flipped Triangles As Normal	细小三角面片显示选项，决定细小三角面片的实现方式，依次为：不可见、可见和常规
Bad Edges Visible Bad Edges Invisible Bad Edges Hidden Line Highlight Bad Edges	错误边界显示选项，决定错误边界的现实方式，依次为：可见、不可见、用隐藏线显示和高亮显示

2. 剖面

剖面功能可用于测量、检查错误以及观察零件内部结构。剖面方向可以是 X、Y 和 Z 方向，或者用户自定义的方向。剖面功能示例如图 2-4-12 所示，参数功能说明见表 2-4-6。

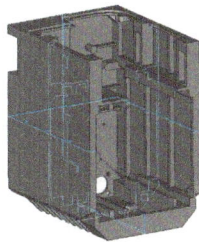

图 2-4-12　剖面功能

表 2-4-6　参数功能说明

参数	功能描述
激活（Activation）	激活剖面功能
类型（Type）	剖面的类型
截断（Clip）	决定哪一部分不显示
颜色（Color）	可以改变颜色，以使得显示更直观
方位（Position）	可以定义剖面的 X、Y、Z 坐标，实现剖切的精确控制
步进（Step）	可以实现剖切面的步进改变，步长需要预先设定

3. 标记

标记三角面片是 Magics 的一个强大功能，标记图标如图 2-4-13 所示，功能说明见表 2-4-7。

4

PROJECT

图 2-4-13 标记图标

表 2-4-7 "标记"栏各功能说明

图标	描述
	标记三角面片。用于三角面片的标记,单击此按钮,在指定三角面片上单击鼠标左键,即可实现三角面片的标记和撤销
	框选标记。单击此按钮,按住鼠标左键,拖拽出一窗口,窗口框中的三角面片即被标记。除了三个顶点全部在窗口中的三角面片,窗口掠过的三角面片将被标记 如果需要框选取消标记,按住"Shift"键和鼠标左键,拖拽窗口,窗口中的三角面片将被取消标记
	折线标记。此模式将只标记线掠过的三角面片,这个模式在标记复杂几何形状的时候非常有用。画线时,单击鼠标右键定义线的终点,完成标记
	多边形标记。多边形标记类似于框选标记,不同的是,多边形标记可以定义标记所用窗口的形状
	壳体标记。用于标记零件中单个壳。壳可以被定义为互相连接并且法向量方向一定的三角面片的集合
	面标记。用于标记零件上的一片区域,区域的定义由线框决定。单击此按钮后,在单个三角面片上单击鼠标左键,包含此三角面片表面中的所有三角面片都将被标记
	边缘三角形标记。用于标记属于孔边缘的所有三角形
	平面标记。可以比较方便地标记平面。.stl 格式文件是由三角面片组成的,如果 Magics 只能标记单个的三角面片,将使得效率低下,因此需要这种将一组符合平面定义的三角面片定义为一个集合的标记方式
	色彩标记。该功能在标记三角面片的同时给三角面片指定标记颜色,可以利用"Shift"键与标记功能将零件所有三角面片标记为同一颜色
	扩大 & 缩小范围。该功能可以使已标记区域范围沿环形扩大或是缩小
	连接标记。该功能用于标记两个已标记的三角面片之间那些小的、不容易标记的三角面片
	转换标记。该功能用于反向标记三角面片,原本被标记的变成未标记的,原本未标记的变成已标记的
	取消全部标记。所有被标记三角面片的标记都将被取消
	隐藏、反向隐藏、全部可见。 1)隐藏功能可以将标记的三角面片隐藏。这个功能不同于剖面功能,剖面功能中,隐藏的三角面片不能进行编辑 2)反向隐藏功能类似于反向标记功能 3)全部可见功能类似于取消全部标记功能,可以将全部隐藏的三角面片重现
	显示/隐藏标记三角面片边界。使用此功能可以显示和隐藏标记三角面片的边界

4. 平台添加

1）将平台文件,如"3D Systems SLA 250. mmcf"复制到 Magics 安装目录下的 MachineLibrary 文件夹里面。

2）打开 Magics 软件,点击"加工准备"→"机器库"后,弹出"添加机器"对话框,如图 2-4-14 所示;在"机器库"下拉选择图标文件进行添加,单击"关闭"后会弹出"机器库"对话框,按要求操作,如图 2-4-15 所示。

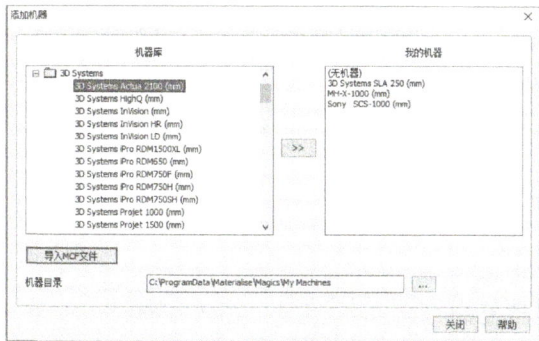

图 2-4-14　机器添加

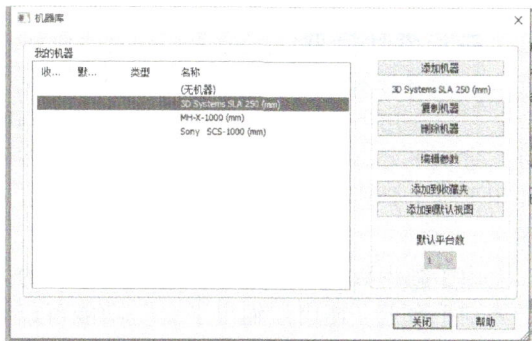

图 2-4-15　机器库

3）再次单击"关闭"按钮，添加机器平台完毕。

二、大文件的处理

Magics 软件中，零件可以以三种格式打开，以便节省内存，三种格式功能说明见表 2-4-8。

表 2-4-8　大文件处理打开格式

压缩格式	标准格式	硬盘格式
在压缩格式中，三角面片在导入内存的时候不需要做完整的分析，只是显示，不能进行编辑	在标准格式中，三角面片将被完整地导入到内存中，并进行完整的分析	当处理大文件时，可以将文件从内存中卸载，放置在临时文件中，在界面中只显示零件的边框，这样可以提高软件的运行速度

注意：正常情况下，零件以压缩格式加载进来，当进行的操作改变三角面片的结构时，Magics 将自动进入到标准格式中，弹出如图 a 所示的确认对话框。

正常情况下，不需要手动设置内存状态，而硬盘格式需要手动设置。在零件目录中，可以找到内存状态的显示，并可以通过关联菜单进行修改，如图 b 所示

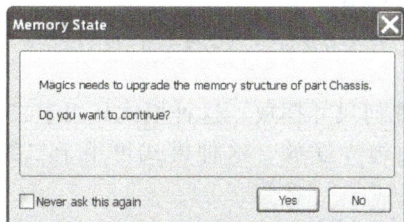

a) 格式变换确认

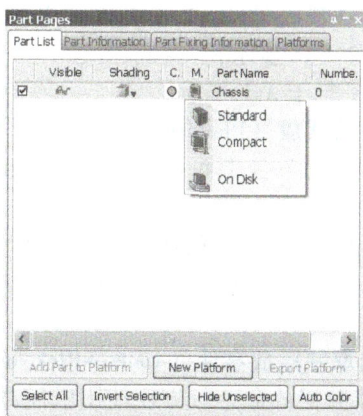

b) 设置内存

三、零件摆放

1. 零件导入平台（Platforms or Part Pages→Platforms）

可以使用平台工具来摆放零件并在此基础上建立零件。进入平台有多种方式：可以使用平台按钮，也可以使用平台工具栏或零件菜单中的平台按钮，如图 2-4-16 所示。

为了减少数据栏，一般使用虚拟复制的方式将零件导入到平台上。使用"输出平台"功能可以将虚拟复制的零件保存为真实的 STL 格式，如图 2-4-17 所示。

可以使用"文件"（File）菜单中不同的保存选项来保存数据。如果需要同时保存平台和虚拟零件，可以使用"输出平台"选项，这样不仅可以保存平台，并且可以将零件保存为真实的 STL 格式。如果需要保存为项目，可以使用"另存为项目"（Save Project As）选项。

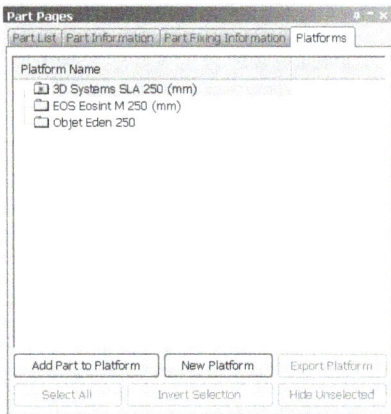

图 2-4-16　通过零件菜单进入平台

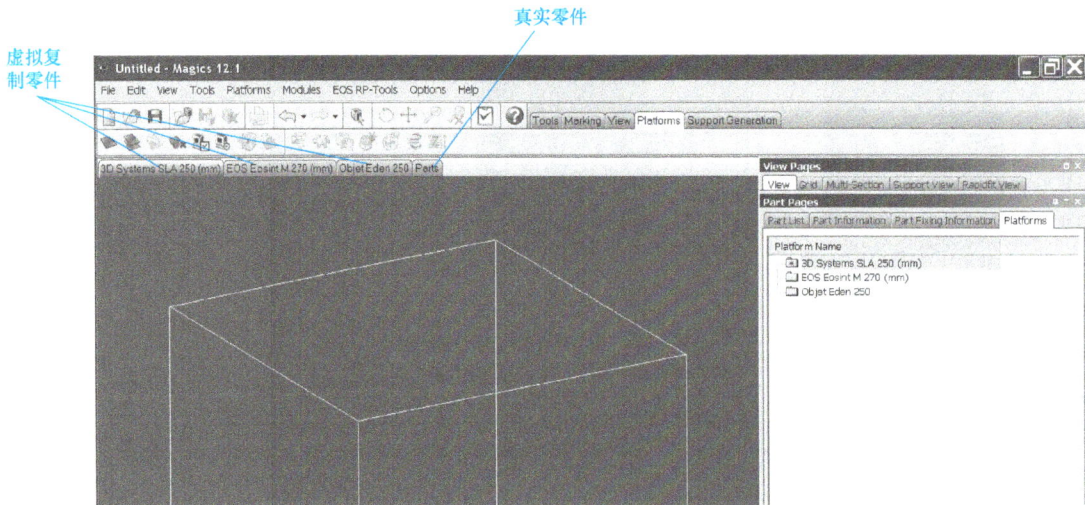

图 2-4-17　虚拟复制零件保存

2. 零件置底/置顶（Platforms→Bottom/Top Plane）

如图 2-4-18 所示，"置底/置顶"工具可以很方便地摆放零件，使用此工具时，零件的底面或顶面平行于 X-Y 平面。

3. 自动摆放（Platforms→Automatic Placement(CTRL+A)）

"自动摆放"工具可以以一定的标准对零件进行自动摆放，此模式下有两种摆放选项，如图 2-4-19 所示：

（1）基于几何模型摆放　零件将基于零件的几何尺寸摆放，这种模式只用于二维摆放。

（2）基于边界模型摆放　零件将基于零件的边界摆放，这种模式可用于二维或是三维摆放。

4. 选取并摆放零件（Tools→Pick and place parts（F3））

"选取并摆放命令"方便使用鼠标对零件进行移动和旋转操作，这些操作以平台的法向量为轴。进行操作的时候，首先单击相关功能按钮，接着在零件上单击即可，如图 2-4-20 所示，功能说明见表 2-4-9。

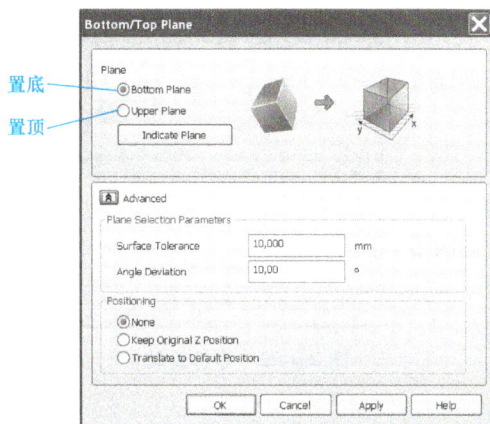

图 2-4-18　零件置底/置顶

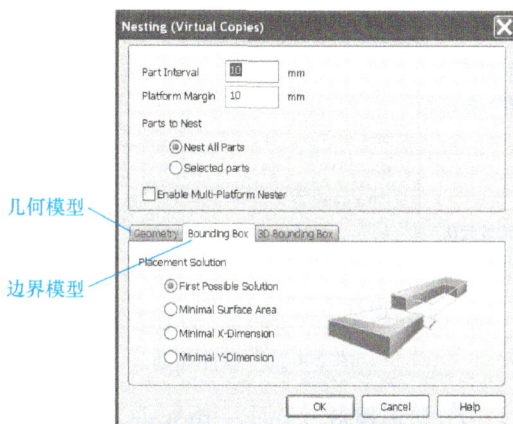

图 2-4-19　自动摆放

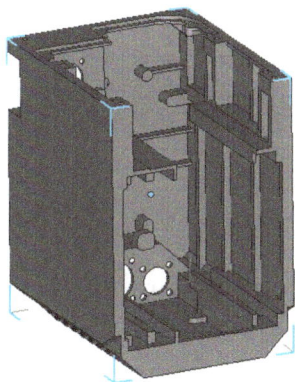

图 2-4-20　选取并摆放零件

表 2-4-9　"选取和摆放"功能说明

选项	描述
	选取并移动。单击此按钮,鼠标指针将变为移动光标,按住鼠标左键,移动鼠标即可实现零件的移动,此操作可以同时选中几个零件进行移动
	选取并旋转。单击此按钮,鼠标指针变为旋转光标,按住鼠标左键,移动鼠标即可实现零件的转动

5. 移动 (Tools→Translate)

这个功能可以对零件进行三种模式的移动, 如图 2-4-21 所示:

(1) 相对模式　按照相对坐标进行移动。

(2) 绝对模式　按照绝对坐标进行移动。

(3) 默认位置　在设备库中, 零件的默认位置可以被设定, 单击 "To Default Position" 按钮可以将当前位置设置为零件导入的默认位置, 作为设备的一个参数。打开零件时, 自动放置在此位置, 不用每次都设置。

6. 旋转 (Tools→Rotate)

这个功能可以对零件进行几种不同方式的旋转, 如图 2-4-22 所示:

1) 设置旋转角度对零件进行旋转。

2) 打开 "旋转中心" 功能, 可以为零件设置旋转中心。

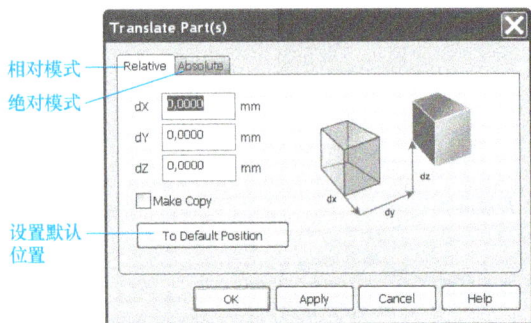

图 2-4-21　零件移动

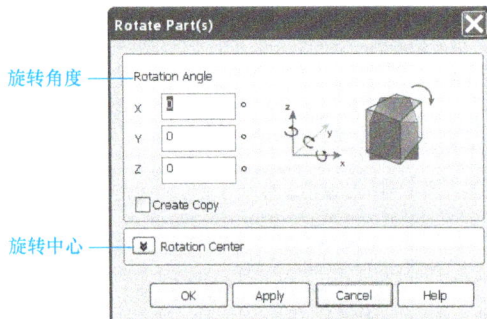

图 2-4-22　零件旋转

7. 比例缩放（Tools→Rescale）

比例缩放功能允许全局或沿某个方向改变零件的尺寸。缩放因子的设置取决于若干因素，例如材料属性、零件的摆放等。

如图 2-4-23 所示，缩放的方式有四种：

1）比例因子。可以设置缩放比例因子，默认情况是"1"。

2）尺寸。输入缩放后尺寸，单位为 mm。

3）库中选取。在库中保存一些比例因子，方便调用。

4）匹配。按照某个匹配的值或测量的值进行缩放。

8. 镜像（Tools→Mirror）

如图 2-4-24 所示，镜像功能用于围绕一个点或一个面来移动或旋转零件，也可以在镜像的基础上创建一个复件。

9. 复制（Tools→Duplicate）

复制功能可以实现零件的自动复制，复件自动命名为"copy_of_part xxx"可以预先设定参数来摆放复件，如图 2-4-25 所示。

注意，也可以沿 Z 轴方向复制零件，这个功能对于可以三维摆放零件的设备来说很方便。

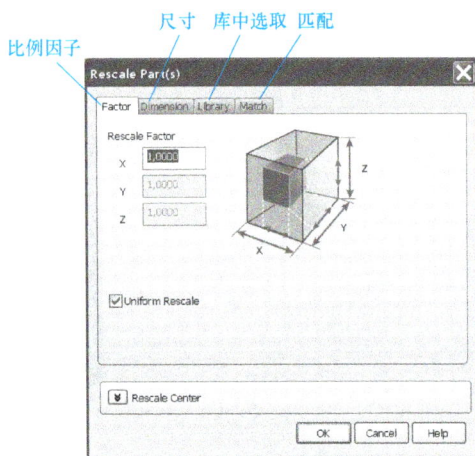

图 2-4-23　零件比例缩放

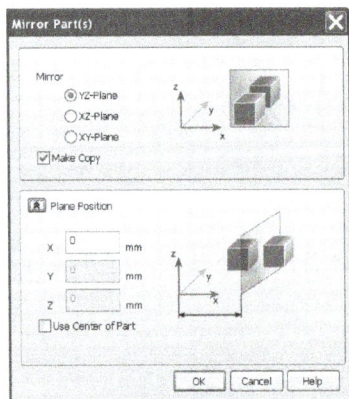

图 2-4-24　零件镜像

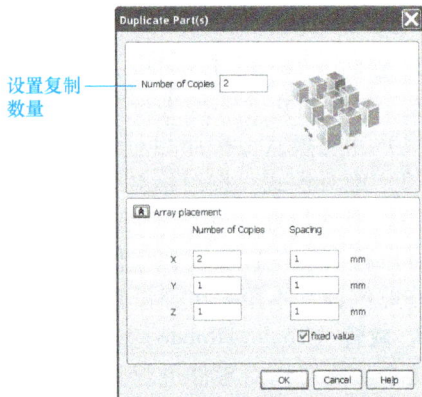

图 2-4-25　零件复制

10. 标签（Tools→Label）

标签功能用于在零件上添加文字标签，也可以用二维的 DXF 图案作为标签。标签设置示例如图 2-4-26 所示，效果如图 2-4-27 所示。

添加标签时，注意零件必须平放，这样标签才可以投影到零件上。

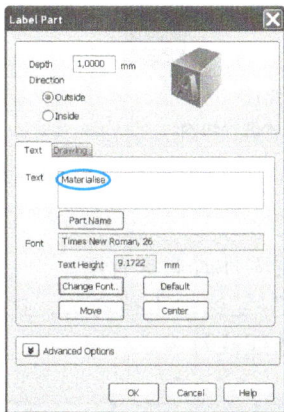

图 2-4-26　标签设置

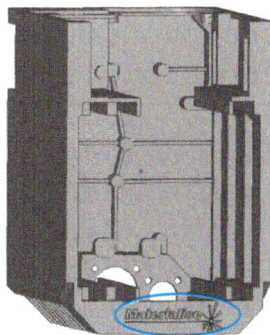

图 2-4-27　标签效果

11. 切割/打孔（Tools→Cut & punch）

该功能用于切割零件，或是在零件上打孔。例如，零件太大无法加工时，可以将零件切割为两部分，分别进行加工。如图 2-4-28 所示，切割的方式有四种，功能说明见表 2-4-10。

图 2-4-28　零件切割/打孔

表 2-4-10　切割功能说明

多段线切割	圆形切割
按照定义的多段线对零件进行切割	圆形切割用于在零件上进行打孔，打孔的方向取决于零件的视图方位

（续）

齿形切割	剖面切割
只需要定义两个点即可完成零件的切割,切割面为齿形,有三种不同的齿形(三角、矩形、线锯形)	多个剖切一次完成 只有可见部分才进行切割 …

12. 穿孔（Tools→Perforator）

穿孔功能可以创建横穿零件的孔,这个功能在处理镂空零件时非常有用。

如图 2-4-29 所示,默认情况下,"Keep subtracted parts"复选框不被勾选,这样,创建的穿孔部分将丢失,如果需要保存穿孔部分,必须确认此复选框被勾选。

13. 镂空（Tools→Hollow Part）

镂空功能用于创建具有两个壳的镂空零件,代替质量过大的实体零件,这样可以节省材料和加工时间。在镂空功能下,零件会产生内外两个壳,内壳会包含大量的三角面片,如图 2-4-30 所示,可以在高级选项中设置,以减少三角面片的数量。

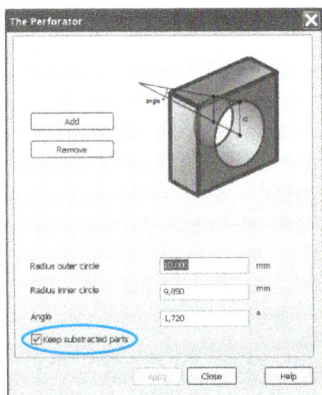

图 2-4-29　零件穿孔

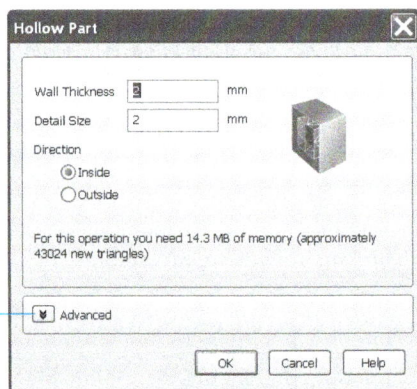

图 2-4-30　零件镂空

四、模型修复

1. 常见错误

常见的 STL 格式错误及原因见表 2-4-11。

表 2-4-11　常见的 STL 格式错误

错误名称	描述
(1)法向量反向 	在 STL 格式中,法向量用于标示三角面片的方向。当法向量方向与正确方向相反时,这个错误称为法向量反向

（续）

错误名称	描述
（2）错误边界 	在 STL 格式中，每一个三角面片与周围的三角面片都应该保持良好的连接。如果某个连接边界出了问题，这个边界称为错误边界，并用黄线标示，一组错误边界构成错误轮廓
（3）洞 	整体出现一部分三角面片缺失，这种错误称为"洞"
（4）多重面片 	在 STL 格式中，一些三角面片会搭接在另一些三角面片上，这些三角面片可以用"重叠面"修复工具进行修复
（5）重叠壳 	每一个壳体由一组三角面片组成，正常情况下，每个零件由一个壳体组成，因为零件上的每个三角面片都与其他面片连接，当零件块造型时没有进行布尔运算，结构之间存在分割面
（6）未修剪三角面片 	某些情况下，表面没有被修剪好，会出现过长或者交叉的现象，利用 Magics 的工具可以很容易修复好这种错误

2. 具体修复案例

以具体模型修复为例进行修复操作说明。导入模型，如图 2-4-31 所示。模型错误通常显

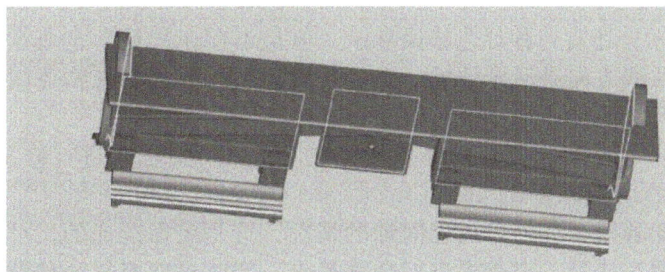

图 2-4-31　模型导入

4

PROJECT

示为黄色和红色：黄色部分是缝隙，红色部分是缺少面或法线错误。此处模型已拆分成零件，但是注意如果出现几百上千个零件会让计算机比较卡顿，建议先用切割工具将其切割成几个相对大一点的零件，再分别导出保存，再重新进行组合。

如图 2-4-32 所示，红色代表法线有问题，如果出现大面积红色，那就需要补洞了。

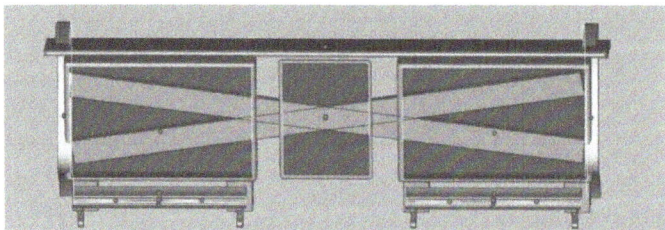

图 2-4-32　模型概况

如图 2-4-33 所示，红色是法线朝里的一面，一般出现大面积的红色是需要补洞，选择要修复的一个小零件（中间零件），在右下角（手动综合修复）勾选（补洞）点击执行即可。

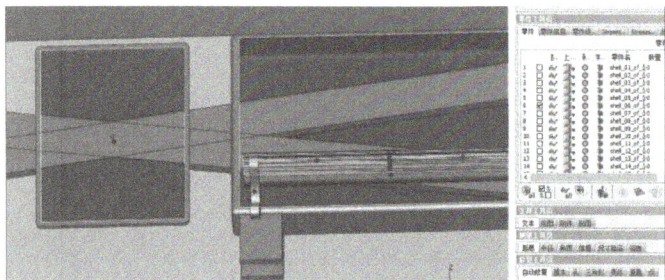

图 2-4-33　模型补洞

如图 2-4-34 所示，中间的部分已经修复，用同样的方法修复旁边两处，两处同时选择可提升修复速度。

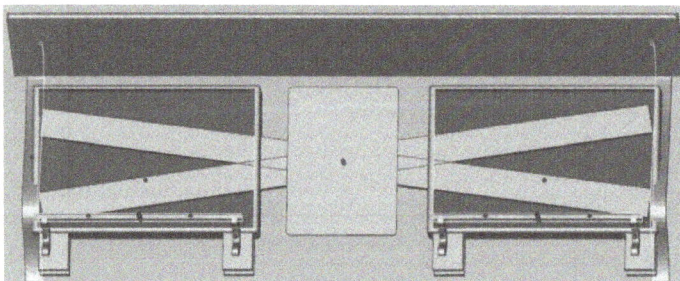

图 2-4-34　中间部分修复

如图 2-4-35 所示，还有一种红色错误显示，但是不存在"洞"的现象，或者只有很小的缝隙，这是画图时法线方向错误导致的。修复这种问题，需要先将物体闭合成一个相对的整体，所以需要先进行缝隙修补和补洞的操作，如图 2-4-36 所示。

如图 2-4-37 所示，补洞和缝隙修补操作完成之后，可对法线进行修复，选择法线修复，点击执行，结果如图 2-4-38 所示。

当出现随着视角移动，红色和灰色闪烁的情况，这是重面造成的，可通过合并的方式解决。每个小零件修复完成后，都需要进行合并操作，同时也能修复两种颜色闪烁的问题。具体操作时，对全部零件执行"工具"→"合并零件"操作，如图 2-4-39 所示。

4

PROJECT

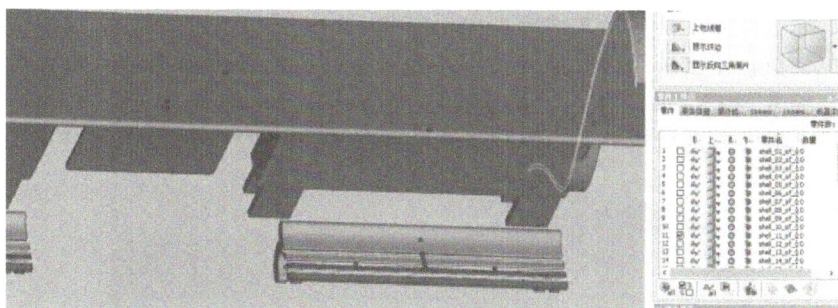

图 2-4-35　缝隙错误

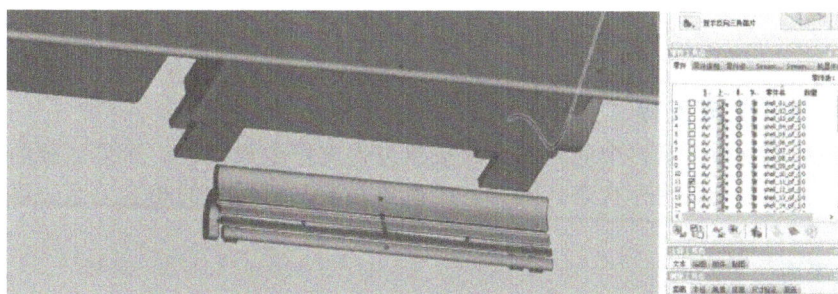

图 2-4-36　补洞和缝隙修补

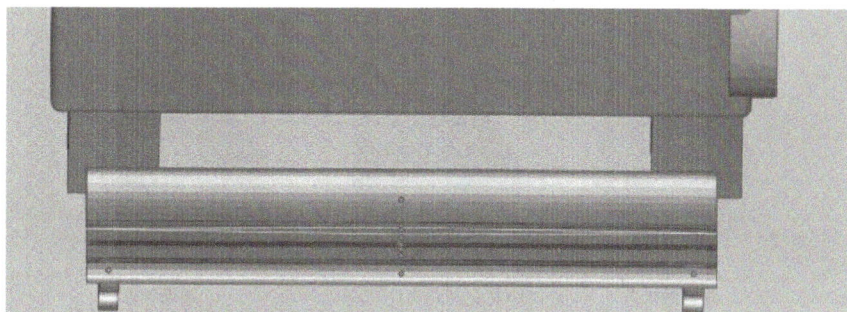

图 2-4-37　法线修复

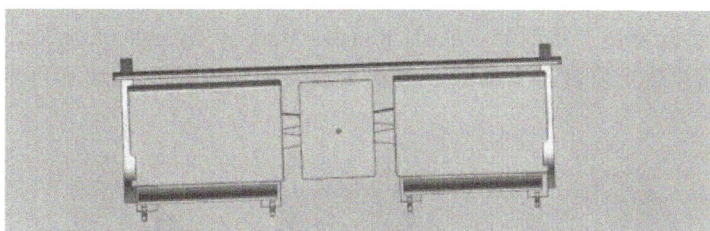

图 2-4-38　修复结果

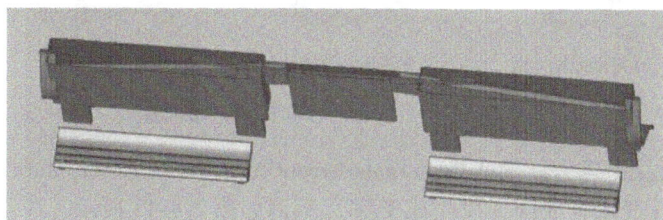

图 2-4-39　零件合并

合并后，通过截面工具观察文件模型内部结构。内部看不见的结构不影响外部成型，但是内部结构也会被打印出来。这些部分是不需要的，打印出来会浪费时间和影响结构受力情况，可以用"修复"→"合并壳体"工具处理。

处理完成之后，内部结构消失，整个文件模型形成一个单壳体，如图 2-4-40 所示。

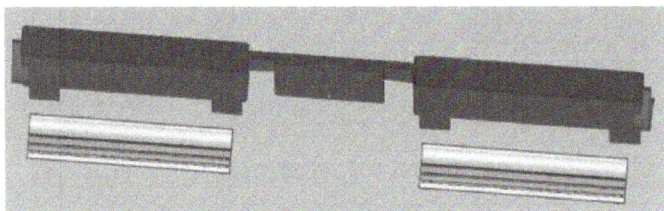

图 2-4-40　合并壳体

五、Magics 生成支撑

可以通过生成支撑工具栏中的生成支撑按钮进入支撑生成模块。如果加载的零件为压缩格式，Magics 会提示升级内存状态，因为系统需要获取三角面片的相会关系，以便计算支撑面积。

1. 改变表面

1）添加标记三角面片到当前表面（Tools-Add Marked Triangles to Current Surface）。

三角面片可以使用标记工具进行标记，以便在支撑生成模块中使用，示例如图 2-4-41 所示。

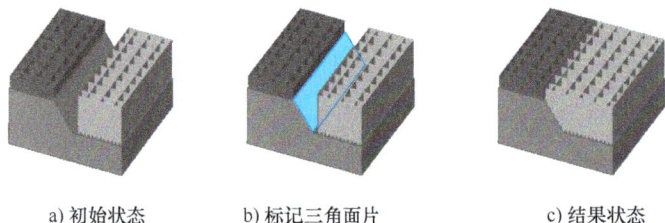

a) 初始状态　　　　b) 标记三角面片　　　　c) 结果状态

图 2-4-41　添加标记三角面片到当前表面

2）当前表面移除标记三角面片（Tools-Remove Marked Triangles from Current Surface）。

将标记三角面片从当前表面中移除。重新生成支撑后，标记区域不再生成支撑，示例如图 2-4-42 所示。

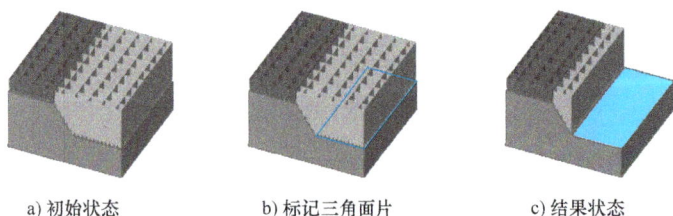

a) 初始状态　　　　b) 标记三角面片　　　　c) 结果状态

图 2-4-42　当前表面移除标记三角面片

3）标记三角面片创建为新的表面（Tools-Create New Surface from Marked Triangles）。

将标记三角面片变成新表面，以生成支撑，示例如图 2-4-43 所示。

4）合并表面（Tools-Merge Surfaces）。

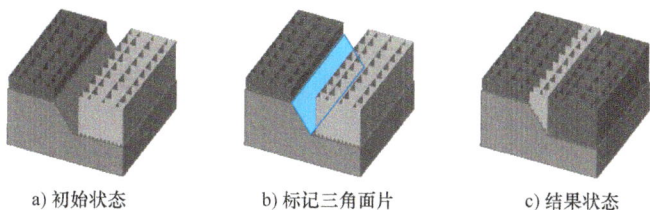

a) 初始状态　　　　　　b) 标记三角面片　　　　　　c) 结果状态

图 2-4-43　标记三角面片创建为新的表面

当前表面可以合并到另一个表面，新添加的表面将继承当前表面的相关参数，示例如图 2-4-44 所示。

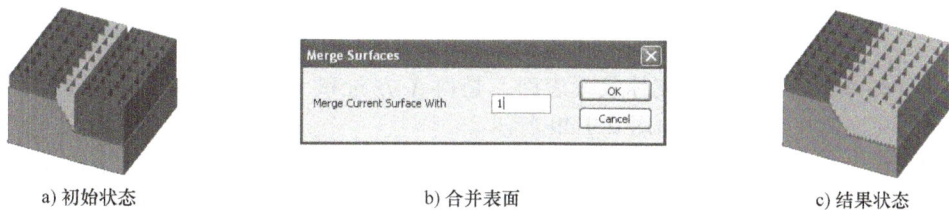

a) 初始状态　　　　　　b) 合并表面　　　　　　c) 结果状态

图 2-4-44　合并表面

5）改变表面角度（Tools-Change Surface Angle）。

当一个表面与水平面的夹角小于给定的角度时，系统将为其添加支撑，角度设置如图 2-4-45 所示。

2. 改变支撑参数

支撑是根据系统设置的参数来进行添加的，可以对这些参数进行更改，参数的更改在支撑参数对话框（Support Parameters Pages）中进行，如图 2-4-46 所示。

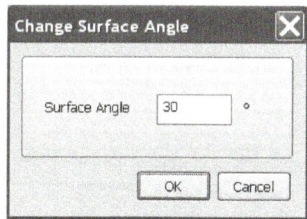

图 2-4-45　改变表面角度

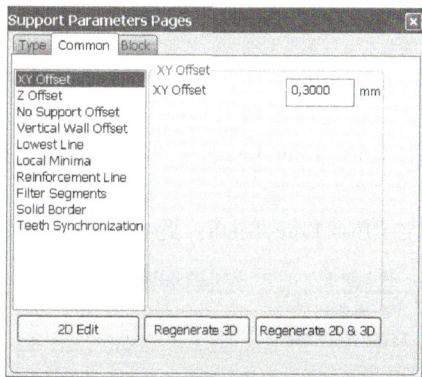

图 2-4-46　支撑参数对话框

（1）常规支撑参数（Common）　常规支撑参数针对的是所有类型的支撑。

1）XY Offset：这个偏移参数定义的是支撑距离零件边界的距离图 2-4-47。

2）Z Offset：所有的支撑都需要嵌入零件一段距离，以确保支撑对零件的良好支撑作用。

3）No Support Offset：零件垂直部分会对其上的水平部分提供支撑，因此，如果水平部分延伸尺寸不大，可以不必为其添加支撑。

其他有关常规支撑参数的信息可查阅软件相关的 Help 文件。

（2）块支撑参数（Block）　块支撑参数设置选项卡如图 2-4-48 所示。

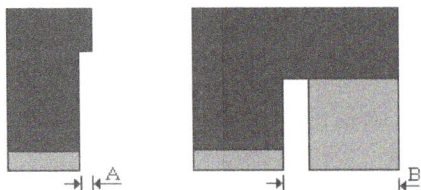

图 2-4-47　支撑参数

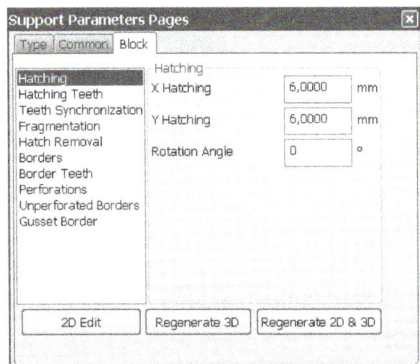

图 2-4-48　块支撑参数

1）Hatching：块支撑用于支撑较大表面，是由 X 方向和 Y 方向交错网格构成的，这个参数用于定义网格的尺寸，示意如图 2-4-49 所示。

2）Perforations：支撑是有孔隙的，孔隙是菱形或是矩形的，这个参数用于定义孔隙的尺寸，如图 2-4-50 所示。

图 2-4-49　支撑网格

图 2-4-50　孔隙参数

其他有关块支撑参数的信息可查阅软件相关的 Help 文件。

（3）线支撑参数（Line）　线支撑参数设置选项卡如图 2-4-51 所示。

1）Cross Line Length：线支撑是由主线和交叉线构成的，这个参数用于定义交叉线的长度。

2）Cross Line Teeth：此参数用于改变交叉线齿的参数，如图 2-4-52 所示。

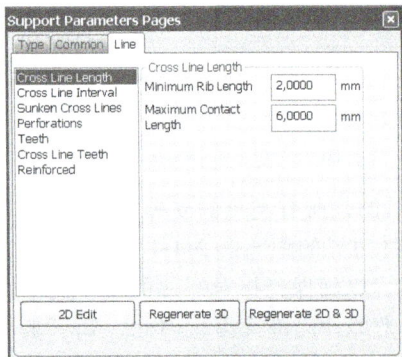

图 2-4-51　线支撑参数

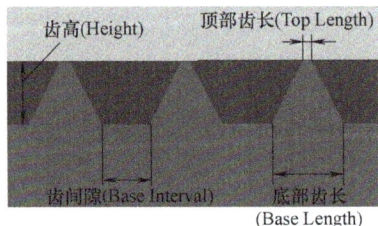

图 2-4-52　交叉线齿参数

其他有关线支撑参数的信息可查阅软件相关的 Help 文件。

3. 支撑二维修改

在 Magics 中，可以对支撑进行二维修改。在支撑参数对话框，在 Type 选项卡中就可以进行支撑的二维修改，如图 2-4-53 所示。零件的二维图像显示在一个新的窗口中，如图 2-4-54 所示。

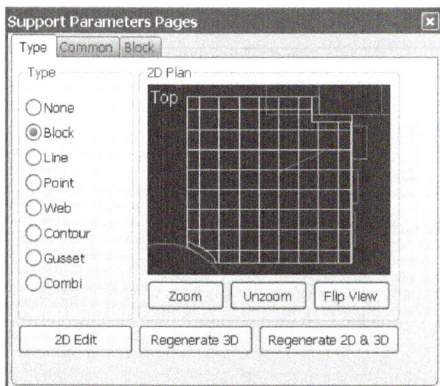

图 2-4-53 支撑二维修改

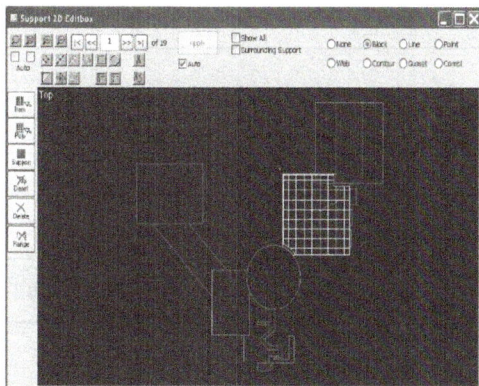

图 2-4-54 零件二维编辑

（1）支撑的二维操作（图 2-4-53）

1）选择支撑或支撑的一部分。在支撑添加模块中，可以有多种方式选择支撑，图标及功能说明见表 2-4-12。

表 2-4-12 添加二维支撑操作

图标	功能说明	
	用于依次查看支撑	
	第一个按钮	返回第一个表面
	第二个按钮	返回之前表面
`|< << 4 >> >| of 21`	文本框	表面编号
	第三个按钮	进入下一个表面
	第四个按钮	进入上一个选中的表面
显示所有（Show All）	显示所有的支撑	
显示周边支撑（Surrounding Support）	缩放视图,直到显示所有周边支撑	
支撑类型	允许改变支撑的类型	
Item	选择激活支撑的一条线,双击即可取消选择	
Poly	选择激活支撑的多条线,双击即可取消选择	
Support	选择全部支撑	
Desel	取消选择全部支撑	
Range	单击此按钮,将弹出一个对话框,允许插入已经删除的支撑	

2）删除选择（表2-4-13）。

图标	功能说明
Delete	删除所有选择的支撑

3）切割支撑（表2-4-14）。

图标	功能说明
	利用鼠标拖拽一个框,所有框中的支撑都将被删除
	利用鼠标画一个多边形,点击鼠标右键完成命令,多边形中所有的支撑都将被删除

4）支撑的二维绘制（表2-4-15）。

图标	功能说明
	绘制支撑主线
	绘制支撑交叉线
	绘制支撑主线和交叉线
	绘制多段线支撑
	绘制角支撑 第一个点确定基点,第二个点确定长度
	绘制点支撑
	绘制加固线
	绘制矩形支撑
	绘制圆形支撑
	通过指定点和方向来绘制线支撑
	通过指定点和方向来绘制线支撑,同时通过以下对话框来指定线的条数和偏置距离 3　No. of Reinforcement Lines 5　Reinforcement Line Distance (mm)
☑Auto	当选中自动(Auto)复选框,所有手动绘制的二维线将转变为三维支撑
Apply	用于将二维绘制支撑转变为三维支撑

4 PROJECT

注意，二维绘制的支撑可立即在三维模型中体现。

（2）支撑的三维操作

1）支撑的选择（表2-4-16）。

表 2-4-16　选择三维支撑操作

图标	功能说明
✛	三维状态下绘制点支撑
⦀	三维状态下绘制线支撑
＼	三维状态下绘制角支撑
⬉	激活支撑
▦⬉	选择激活支撑的一条线，双击即可取消选择
▦⬉	用多段线选择支撑，双击即可取消选择
▦	选择全部支撑
✖	取消选择全部支撑
✖	单击此按钮，将弹出一个对话框，允许插入已经删除的支撑

2）支撑删除（表2-4-17）。

表 2-4-17　删除三维支撑操作

图标	功能说明
✗	删除所有选中的支撑

4. 保存并输出支撑

（1）保存支撑　生成的支撑可保存在 Magics 应用中，格式为".magics"，如图 2-4-55 所示。

当打开".magics"格式文件时，将弹出一个对话框，可选择是否导入支撑，如图 2-4-56 所示。

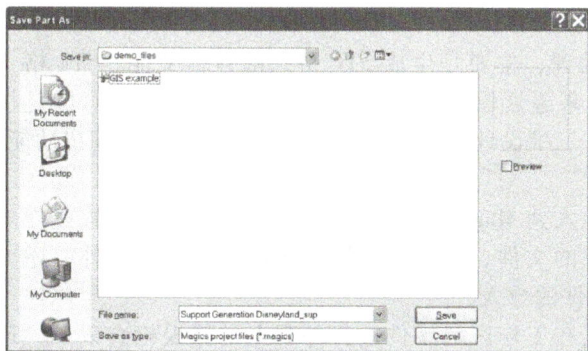

图 2-4-55　保存支撑

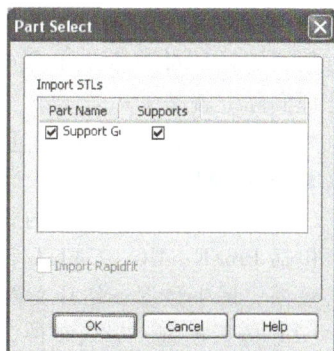

图 2-4-56　导入支撑

注意：早期的软件版本中，支撑被保存为".sup"格式文件，这些支撑可以通过命令 "Modules/Support Generation/Load Support File（s）"导入。

（2）输出支撑　通过输出支撑选项，Magics 将输出支撑的 .stl 格式文件和切片文件，如

图 2-4-57 所示。

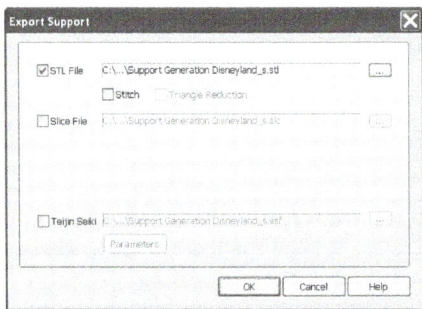

图 2-4-57 输出支撑

任务4 打印 PLC 变频器外壳电路板盒实例

任务描述

在前面已经详细学习了 LITE600 3D 打印机的操作方法和注意事项，本任务要求使用 LI-TE600 3D 打印机打印制作 PLC 变频器外壳电路板盒，通过实践，巩固所学知识，锻炼操作软件和机器的能力。

任务实施

一、光固化成型的工艺过程

光固化成型制作一般可以分为前处理、原型制作和后处理三个阶段。后处理这个阶段会在任务 5 做专门的介绍。前处理阶段主要是对原型 CAD 模型进行数据转换、确定摆放方位、施加支撑和切片分层，实际上就是为原型的制作准备数据。

1. CAD 三维造型

三维实体造型是 CAD 模型的最好表示，也是快速原型制作必需的原始数据源。没有 CAD 三维数字模型，就无法驱动模型的快速原型制作。CAD 模型的三维造型可以在 UG、Pro/E、犀牛等大型 CAD 软件以及许多小型的 CAD 软件中实现。

2. 数据转换

数据转换是对产品 CAD 模型的近似处理，主要是生成 STL 格式的数据文件。STL 格式数据处理实际上就是采用若干小三角形面片来逼近模型的外表面。这一阶段需要注意的是控制 STL 文件生成的精度。目前，通用的 CAD 三维设计软件都有 STL 格式数据文件的输出功能。

3. 修复模型

（1）导入模型 将得到的 STL 文件导入到 Magics 软件中。Magics 支持多种格式文件的导入，包括 Pro/E、UG、CATIA 等软件生成的文件、igs、step 等标准格式，除此之外，还支持点云数据、犀牛数据、切片文件等多种文件的导入。

（2）分析模型 导入零件以后，除了在工作区对零件进行外观上的错误检查以外，最重要的是对文件进行深入分析，通过查看零件的错误信息判断模型的损坏情况。使用修复向导中的错误诊断可以对 STL 文件进行整体分析。修复模型中法向错误的三角面片、坏边、孔以及损坏轮廓，清理多余的壳体。具体的修复参考任务 3 Magics 软件介绍。

4. 确定摆放方位

摆放方位的处理是十分重要的，不但影响着原型制作时间和效率，更影响着后续支撑的施加以及原型的表面质量等，因此，摆放方位的确定需要综合考虑上述各种因素。一般情况下，从缩短原型制作时间和提高制作效率来看，应该选择尺寸最小的方向作为叠层方向。但是，有时为了提高原型制作质量以及提高某些关键尺寸和形状的精度，需要将尺寸最大的方向作为叠层方向摆放；有时为了减少支撑量，以节省材料及方便后处理，也经常采用倾斜摆放。确定摆放方位以及后续的施加支撑和切片处理等都是在分层软件中实现的。

5. 施加支撑

摆放方位确定后，便可以进行支撑的施加了。施加支撑是光固化成型制作前处理阶段的重要工作。对于结构复杂的数据模型，支撑的施加是费时而精细的。支撑施加得好坏直接影响着原型制作能否成功，以及制作的质量。支撑施加可以手工进行，也可以软件自动实现。软件自动实现的支撑施加一般都要经过人工的核查，进行必要的修改和删减。为了便于在后续处理中去除支撑及获得优良的表面质量，目前，比较先进的支撑类型为点支撑，即支撑与需要支撑的模型面之间是点接触。

支撑在快速成型制作中是与原型同时制作的，支撑结构除了确保原型的每一结构部分都能可靠固定之外，还有助于减少原型在制作过程中发生翘曲变形。通常，在原型的底部也设计和制作支撑结构，这是为了成型完毕后能方便地从工作台上取下原型，而不会使原型损坏。成型过程完成后，应小心地除去上述支撑结构，从而得到最终所需的原型。

6. 切片分层

支撑施加完毕后，根据设备系统设定的分层厚度沿着高度方向进行切片，生成 RP 系统需要的格式的层片数据文件，提供给光固化快速原型制作系统，进行原型制作。

二、制作 PLC 变频器外壳电路板盒

下面将树莓派（一款微型电脑）电路板盒为例，详细讲解光固化快速成型工艺打印的全部流程。

在产品模型研发阶段，研发完毕后试制阶段采用传统加工方式加工此模型十分困难，如采用开模工艺，一旦进行数据修改，则模具报废，并且开模时间也耽误下来。采用 3D 打印方式，在 1 天的时间内就可以打印出此模型进行产品结构验证，花费仅为开模成本的数百分之一。不仅规避了研发数据修改的风险，也大幅度提高了研发进度。

1. 打印前检查

1）将模型文件导入 Magics 软件，查看模型。选择所有模型，然后点击"自动摆放"（快捷键"Ctrl+A"）进行零件摆放，弹出"自动摆放"对话框，如图 2-4-58 所示；设置完毕后点击"确定"，然后模型都会自动摆放到平台上，如图 2-4-59 所示。

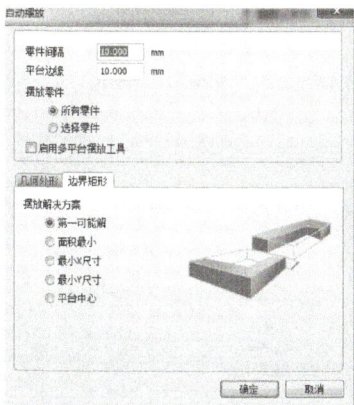

图 2-4-58　自动摆放设置

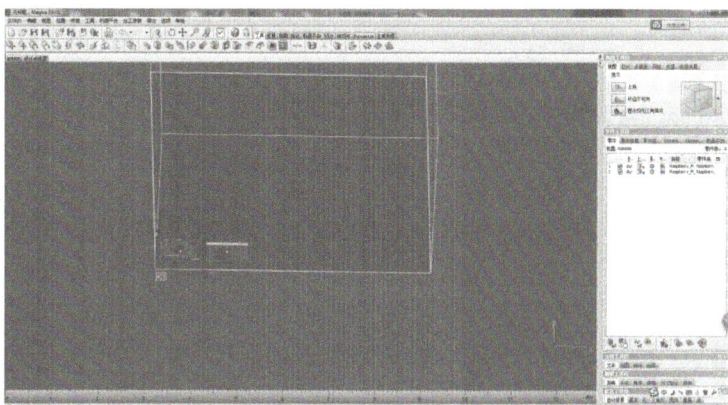

图 2-4-59　模型自动摆放

4

PROJECT

2）首先检查模型，选中一个零件点击"修复向导"（Ctrl+F），弹出"修复向导"对话框，如图 2-4-60 所示。

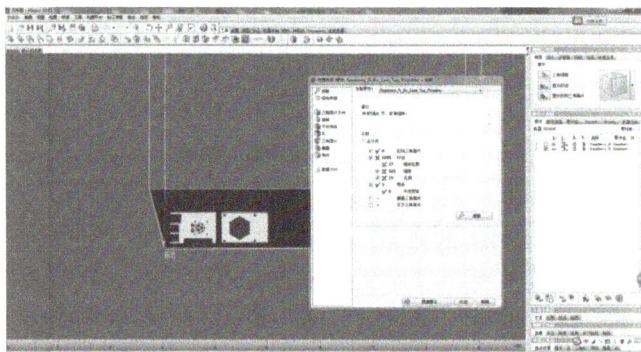

图 2-4-60　修复向导

3）如果模型有错误，需要修复模型，首先修复缝隙，如图 2-4-61 所示，点击"自动修复"；然后修复孔洞，如图 2-4-62 所示。

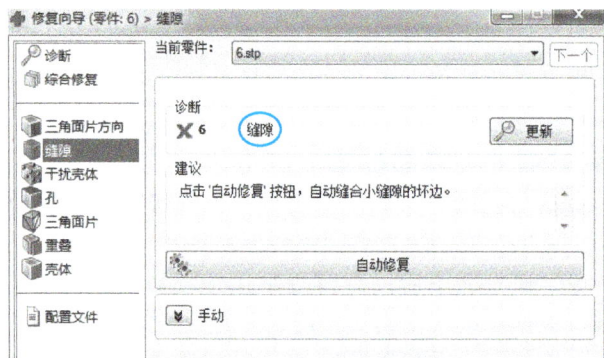

图 2-4-61　缝隙修复

修复完后点击"诊断"，如图 2-4-63 所示，看模型是否有问题，"全分析"没有问题后，可以进行下一项。

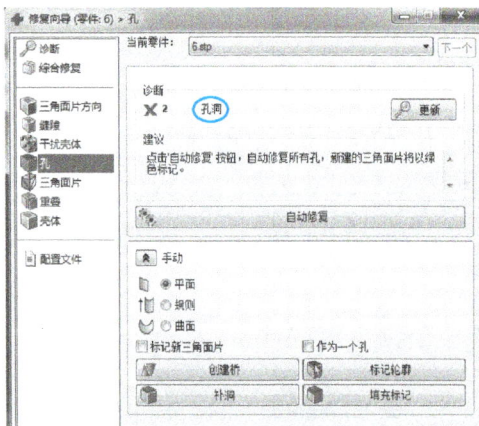

图 2-4-62　孔洞修复

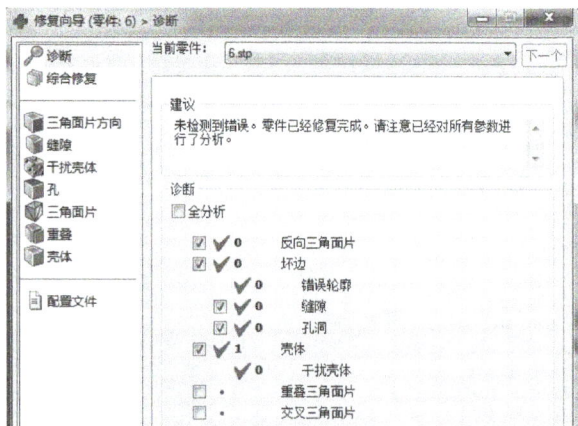

图 2-4-63　诊断

4）下一步是壁厚分析（Ctrl+W），"壁厚分析"参数设置如图2-4-64所示，最小厚度设为"0.5mm"，检测壁厚选择"渐变色"。然后模型会发生颜色变化，如图2-4-65所示。

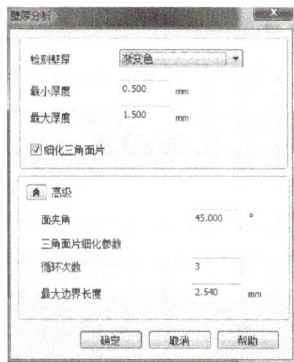

图2-4-64　壁厚分析

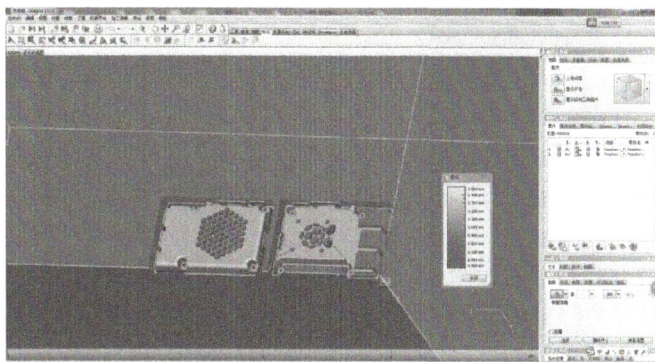

图2-4-65　模型颜色变化

模型壁厚由红色到黄色的渐变色体现出来，红色越深，代表壁厚越薄（≤0.5mm的模型不建议打印）。然后选择界面右侧的测量工具页，如图2-4-66所示；点击用于测量信息选择的下拉黑色三角，选择厚度，如图2-4-67所示。

图2-4-66　测量工具页

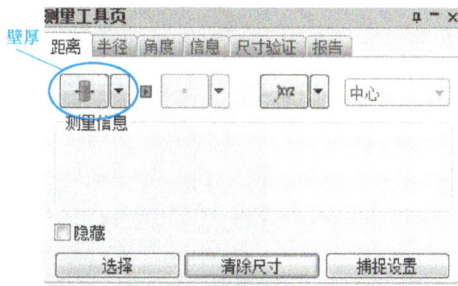

图2-4-67　测量信息选择

点击模型中较为红色的地方进行测量，如图2-4-68所示。如果测量值都在0.5mm以上，此模型就可以打印。

2. 检查模型装配

这套模型是装配件，打印前要检查模型装配是否合理。可根据效果移动修改零件，使之合理。

1）点击"移动和摆放零件"（F3）（图2-4-69）进行零件移动，选择"交互式平移"，如图2-4-70所示。

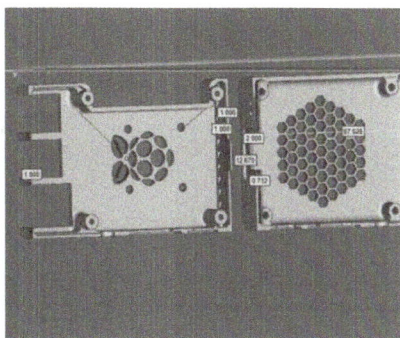

图2-4-68　测量模型壁厚

图2-4-69　移动和摆放零件

4

PROJECT

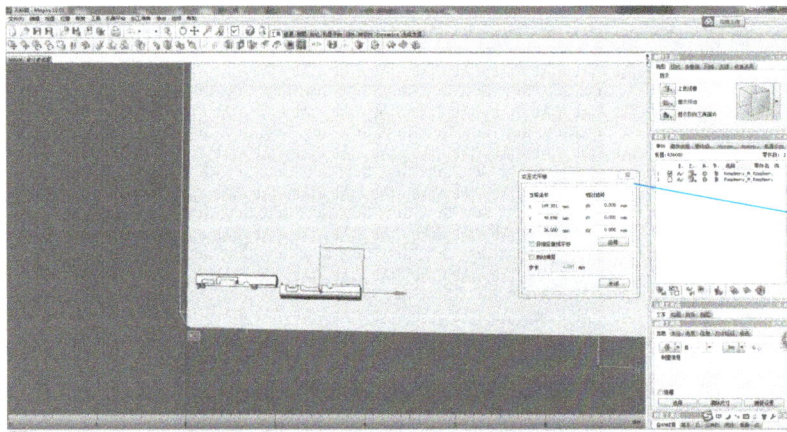

图 2-4-70　交互式平移

交互式平移是在固定轴上进行移动，能更好地进行装配和验证。零件位置摆放好后就要进行尺寸验证，如图 2-4-71 所示。

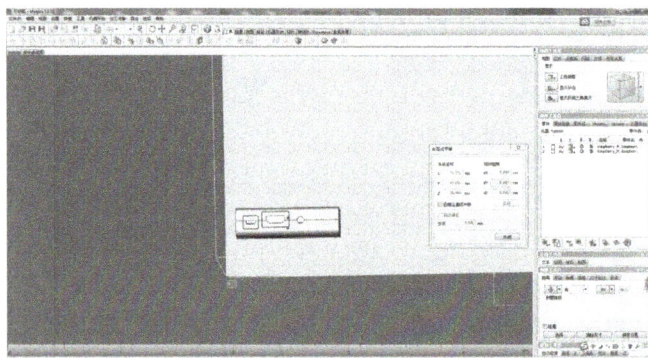

图 2-4-71　零件摆放

2）在"视图工具页"，选中两个装配文件，其他文件先隐藏，点暗"小眼镜"图标就是隐藏文件，如图 2-4-72 所示。

然后在工具栏中点击"视图"中的查看零件尺寸图标，图 2-4-73。

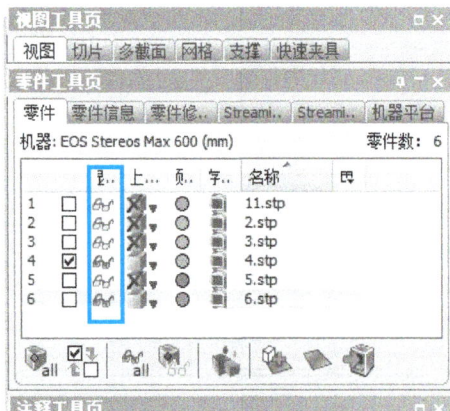

图 2-4-72　隐藏文件

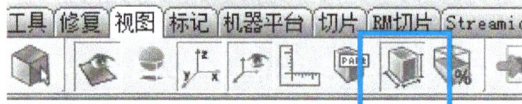

图 2-4-73　查看零件尺寸

最后点击交互式平移把两个模型隔离开，图2-4-74。

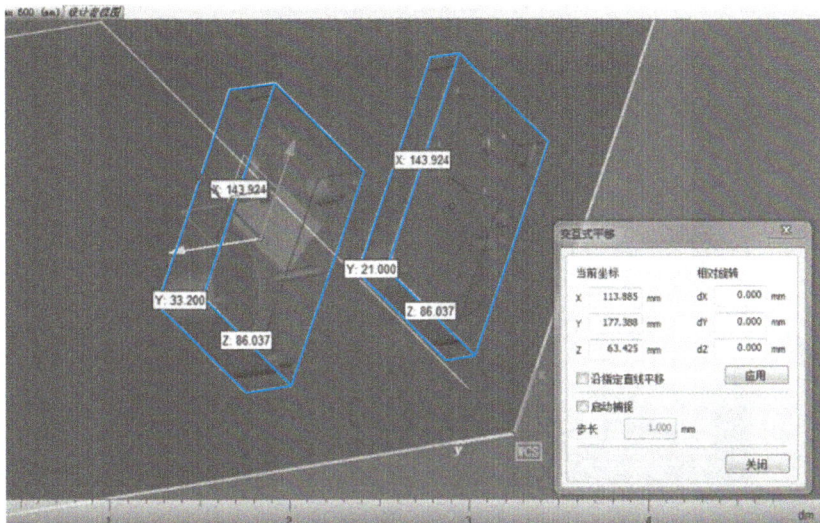

图2-4-74　隔离文件

3）查看模型需要装配的地方，进行测量。测量时还是选择"测量工具页"，根据不同的测量方法选择不同的测量信息，这两个模型是线条与线条的装配，所以选择"线条-线条"测量信息，如图2-4-75所示。

然后点击需要测量的地方。此测量下盖比下盖多出来0.3mm，可以进行打印装配，此装配为松装配，如果要求紧装配的话，打印时不需要留公差，在打磨过程中打磨掉一些就可以实现紧装配，如图2-4-76所示。

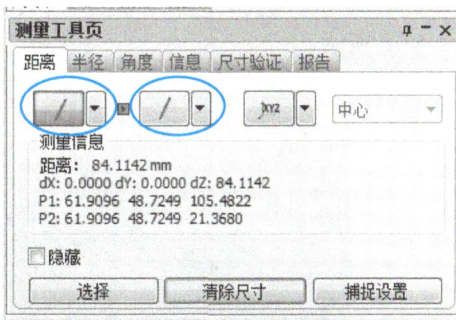

图2-4-75　选择测量信息

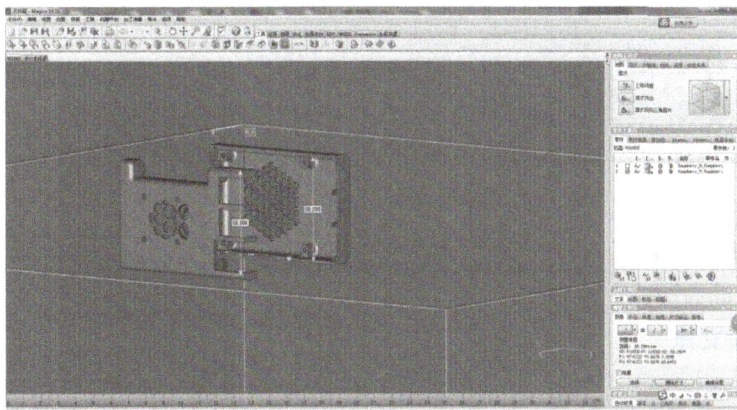

图2-4-76　模型测量

3. 模型打印摆放

1）摆放零件的时候，首先要把模型的位置调整好，在工具栏中点击"工具"中的第一个零件平移图标，"零件平移"对话框的"绝对值"选项卡中，Z轴绝对值要改成"6mm"，如图2-4-77所示。

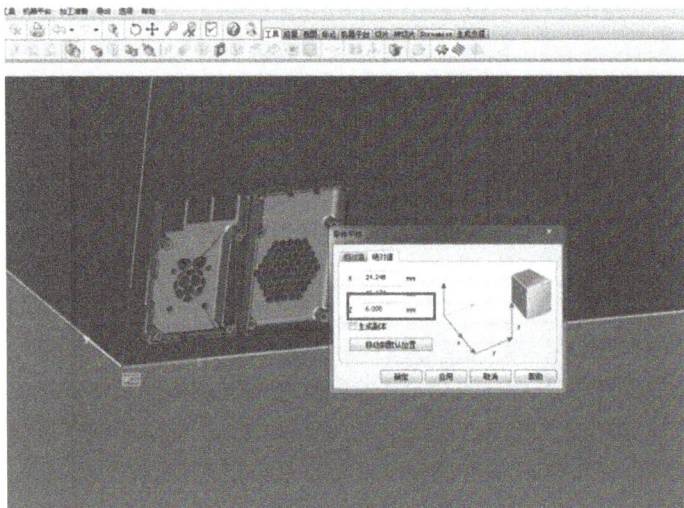

图 2-4-77　零件平移

2）如果是装配件，摆放角度最好一致，万能打印角度是 45°。点击"工具"中的第三个零件旋转图标，选择 X 轴，选择角度后一定要更改模型离平台的距离，改为 6mm，如图 2-4-78 所示。

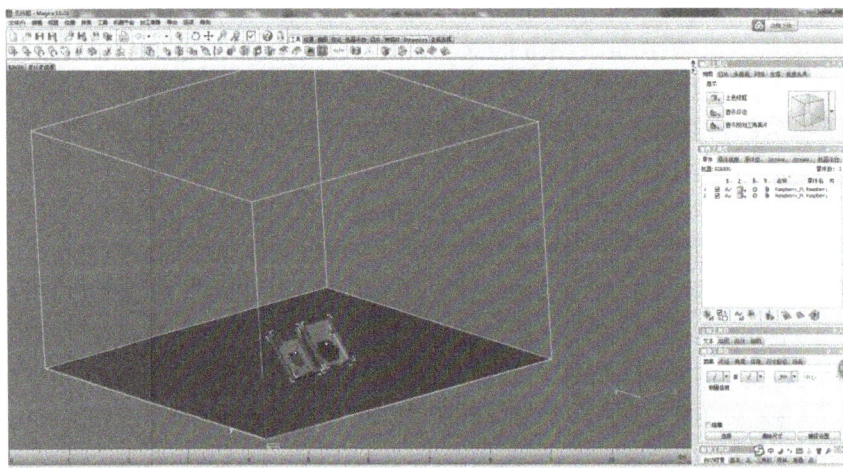

图 2-4-78　调整角度

3）打印时刮刀接触模型面积越小，越不容易打坏，所以摆放模型位置时，使刮刀在 X 轴方向所能接触到的面积越小越好。

4. 手动施加支撑

1）如图 2-4-79 所示，点击支撑添加图标，进入支撑页面。

2）点击"多截面"选项卡，选中 Z 轴，如图 2-4-80 所示。点击剖视，在"支撑列表"中点击下面进度条，或按键盘左右键一层一层地进行查看，如图 2-4-81 所示。

3）查看的同时要看模型有没有凸出来的地方，如果有的话，要进行添加支撑，确定无误后点击"退出"图标退出支撑界面，如图 2-4-82 所示。

5. 切片

1）选中添加好支撑的模型，点击"切片"中的全部切片图标，如图 2-4-83 所示。

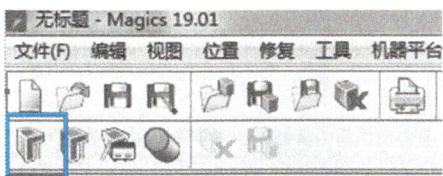

图 2-4-79　添加支撑

图　2-4-80

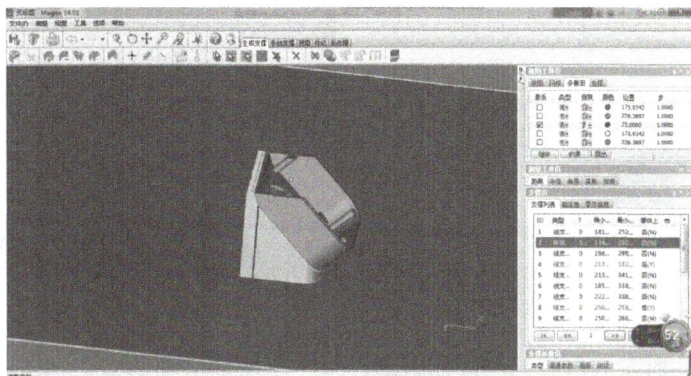

图 2-4-81　查看模型

图 2-4-82　退出支撑

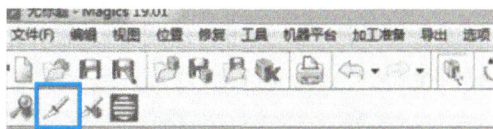

图 2-4-83　全部切片

2）在弹出的"切片属性"对话框（图 2-4-84），"切片厚度"设为 0.1mm；同时一定要选中下面的"支撑参数"，选中里面的"包含支撑"复选框，里面的"切片厚度"也是

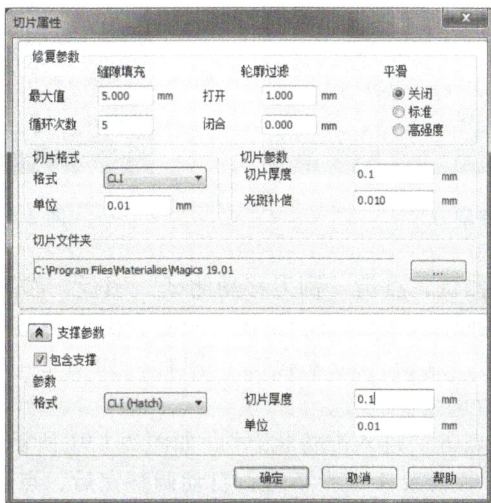

图 2-4-84　切片属性设置

0.1mm。将切片文件保存在相对应的文件夹里面就可以上机打印了。

6. 模型打印

1）首先把模型切片文件用 U 盘拷贝到连接打印机的计算机上，然后打开计算机桌面上的 RSCON 软件，如图 2-4-85 所示。

2）把切片文件调入软件里面后，首先模拟打印时间，如图 2-4-86 所示。

图 2-4-85　RSCON 软件

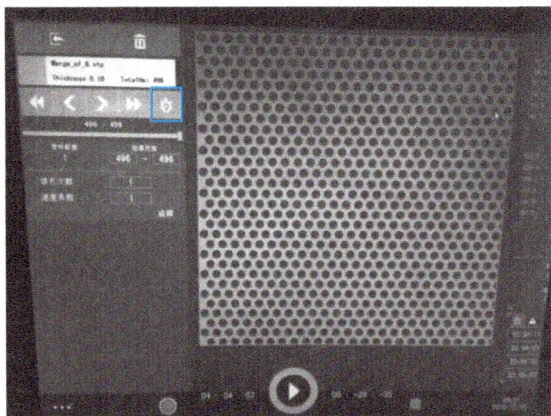

图 2-4-86　模拟打印时间

3）点击软件界面左下角的三个圆点，选择第一个图标清理刮刀，如图 2-4-87 所示。点击"清理刮刀"后，机器内部的刮刀会移动到打印平台中间，这个时候要用内六角扳手对刮刀进行清理，内六角扳手需在刮刀表面顺畅滑动。

4）清理刮刀完毕后，点击"添加树脂"图标进行树脂添加，如图 2-4-88 所示。添加树脂后界面会显示液位，点击自动调整，在相对值平稳后，与绝对值相差在±0.3mm 范围内，调整液位完毕。

清理刮刀

图 2-4-87　清理刮刀

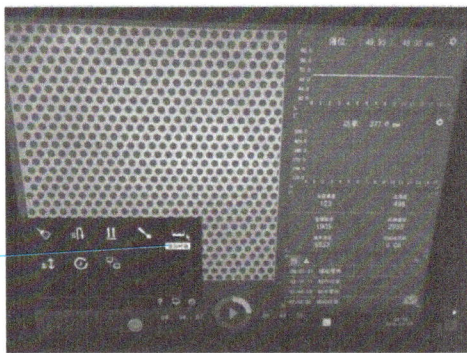

添加树脂

图 2-4-88　添加树脂

5）然后进行刮刀移动测试，点击"刮刀移动测试"图标，如图 2-4-89 所示。刮刀移动过程中，会把树脂表面的气泡吸走，如果有少量没有吸走，需要手动把气泡捅破。

6）最后进行功率检测，点击"功率检测"图标，如图 2-4-90 所示。检测值在 350～380MW（根据不同机器进行调整）。

7）以上四项完成后，点击"进入准备状态"，如图 2-4-91 所示，机器会再自动调整一遍，并且模型打印时间也出来了，需要 4 个半小时；自动调整完后，点击"开始打印"，打印就可以开始了。在打印过程中，每半小时巡检一次，避免打印失败。

图 2-4-89　刮刀移动测试

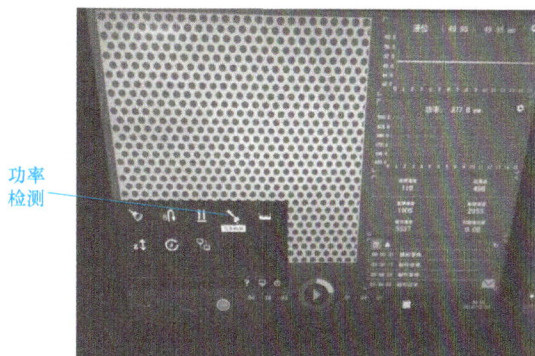

图 2-4-90　功率检测

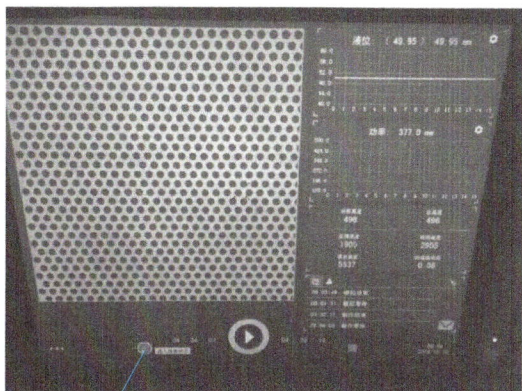

图 2-4-91　准备状态

7. 模型收取

1）模型打印完成后，需要从打印网板上把模型取下来，如图 2-4-92 所示。

2）取模型的时候，要用铲子从模型最下面铲，如图 2-4-93 所示。

图 2-4-92　模型打印完成

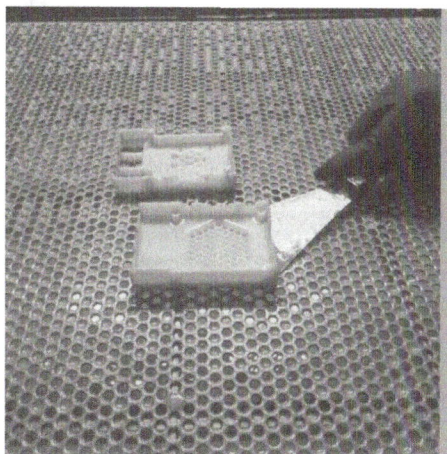

图 2-4-93　模型下方铲取

3）模型铲下来后，翻一下面，让表面的树脂留回打印槽里面，然后放到树脂回收车把模型表面的树脂清理干净。

4）把模型的支撑去除后，将模型送到后处理中心，进行打磨和抛光。

8. 模型后期处理

（1）模型清洗

把打印好的模型放到超声波清洗机里，如图 2-4-94 的示。首先用使用次数比较多的酒精进行清理。将模型在超声波清洗机里面放置 3~5 分钟，清洗过程中，用软毛刷子把模型表面残留的树脂清理干净，如图 2-4-95 所示。

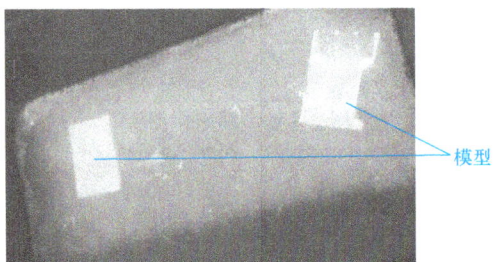

图 2-4-94　超声清洗机清洗

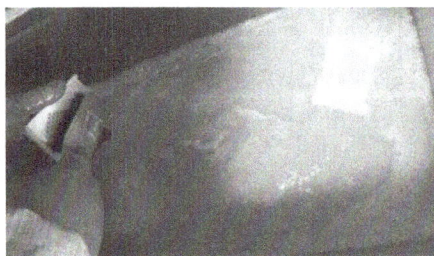

图 2-4-95　表面洗理

清洗一遍后，再将模型放入较为干净的酒精中清洗，清洗过程中使用软毛小刷子把孔里面的残留树脂清洗干净（图 2-4-96）。

清洗完成后对模型进行固化（图 2-4-97）。

图 2-4-96　孔洞清理

图 2-4-97　模型固化

（2）模型打磨

固化完成后对模型进行打磨。打磨的时候首先把支撑点打磨掉，打磨一遍后再打磨细节部分，如图 2-4-98 和图 2-4-99 所示。

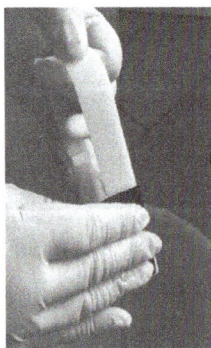

图 2-4-98　模型打磨

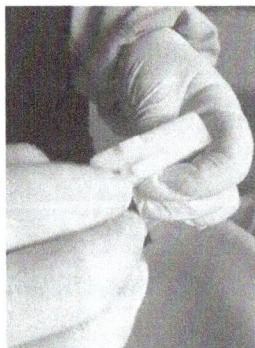

图 2-4-99　细节打磨

需要装配的模型部分，先不要打磨，等到后期装配时再进行处理。

9. 装配成品

后处理完成后的模型如图 2-4-100 和图 2-4-101 所示。

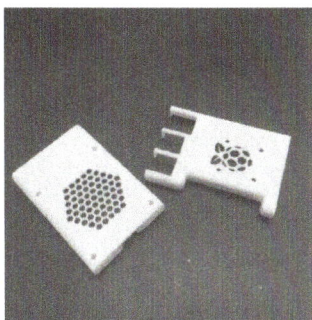

图 2-4-100　模型正面

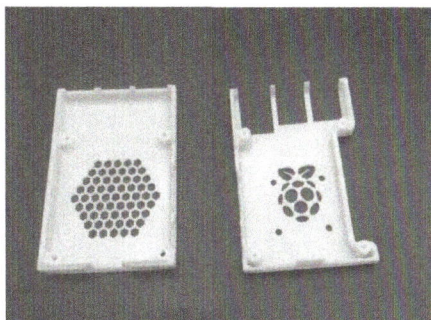

图 2-4-101　模型背面

装配成品如图 2-4-102 所示。

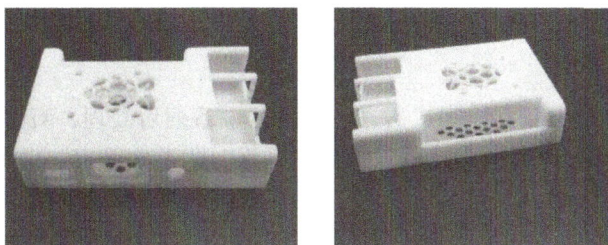

图 2-4-102　装配成品

三、云打印

SLA 3D 打印技术门槛比较高，所使用的机器比较昂贵，不适合普通人进行 3D 打印操作，价格方面的劣势导致其普及率比一般 3D 打印机要低，个人用户可以考虑目前比较流行的 3D 云打印服务，比如魔猴云打印。

1. 登录魔猴网

魔猴网提供 3D 扫描和云 3D 打印等服务，如图 2-4-103 所示。

2. 上传 3D 文件

点击"云 3D 打印"进入功能界面。点击"上传 3D 文件"，选择需要打印的模型文件进行上传，魔猴网会自动识别上传的 .stl 文件，并计算材料价格，如图 2-4-104 所示。

图 2-4-103　魔猴网云服务

图 2-4-104　上传 3D 文件

4

PROJECT

魔猴网计算给出材料打印价格，如图 2-4-105 所示。用户可直接提交订单支付，魔猴网会打印处理好模型，直接邮寄到用户手中。

图 2-4-105　打印价格界面

任务 5　SLA 的后期处理工艺

任务描述

模型在使用 3D 打印设备制作完成后，还要进行一系列后处理，对于 SLA 工艺来说，具体包括去支撑、树脂回收、模型清洗、二次固化等步骤，在本任务中，将重点讨论这些问题。

任务实施

一、后处理的概念

模型在快速成型系统中原型叠层制作完毕后，需要进行剥离等后续处理工作，以便去除废料和支撑结构等。对于光固化成型方法成型的原型，还需要进行后固化处理等。

二、模型后处理流程

1. 取件

1）当模型在打印机中生成后，工作台会升出液面。模型不能立即取出，需要停留在工作台上 5~10min，以晾干模型上多余的树脂。

2）需佩戴干净的手套取下模型，若模型与底板粘连比较紧或者模型比较大，不能硬掰模型，可以用铲子将模型慢慢铲下。

3）取下模型后，若大件模型内还有大量树脂，可以将模型变换到一个树脂能顺利流出的角度，继续晾 5min 左右。

4）模型中的树脂晾干后，将模型放到对应的树脂回收车上，然后去除模型上的支撑，将所有支撑除去完毕后继续将模型晾 5~10min。需注意的是，每台打印机用的树脂可能不一样，回收树脂时需要分开回收。

5）模型上的树脂基本晾干后，用工业酒精对树脂原型表面和型腔内部进行清洗，尤其需要将内部未排干的树脂清洗干净。

6）用吹风机将模型表面和内腔的酒精吹干，由于原型中尚有部分未完全固化的树脂，清洗吹干后的原型必须放在后固化装置的转盘上进行完全固化，以满足模型所要求的机械性能。

2. 打磨上色

1）打磨。由于原型是逐层固化的，所以还需要对原型表面进行光整处理，对加支撑的部位进行打磨修剪，降低原型表面粗糙度，对表面质量要求较高的原型还需进行喷砂处理。需注意的是，调整喷砂机压力大小，砂纸要选用较细型号的。打磨和喷砂同时进行，不要打磨过度。

2）喷塑料底漆。通常，先使用 ICI Autocolor P273-1050 除静电清洁液湿擦工件表面，并马上用另一块干布擦干。直接喷 ICI Autocolor P571-212 塑料底漆。喷涂一个双层，20℃ 干燥 15~20min。中小工件要使用喷笔。

3）喷漆面。使用 ICI Autocolor P420 系列 2K 单工序纯色漆（配稀释剂），只需要湿喷两道就能提供极佳的遮盖力和光亮度。如果配合不同的温度，使用适当的稀释剂，则效果更佳。60℃ 烤干 35min，或 20℃ 风干 16h，若效果不显著，可在烤干冷却之后重喷。通常，如果不要求用该工件制作快速硅胶软膜进而制作聚氨酯（PU）材料原型，而是要求应用该原型仿真验证设计，那么也可以喷饰 P421 系列 2K 单工序金属漆，有各种颜色备选，添加 P565-544 2K 减光剂可产生全哑光、半哑光效果。

4）打蜡抛光。喷面漆隔夜干固后用 P471-399 打磨亮丽蜡手工抛光，用干净的棉布均匀打磨，直至出现光泽。最后上油蜡。

3. 特殊工艺流程

应用特殊工艺所处理的模型适用于后期复制透明的聚氨酯（PU）材料原型。透明塑料件要求比较特殊，工件的内外两面都要求极其光滑，所以其工艺流程比标准流程还要复杂。其基本工艺和标准工艺流程相同，所不同的是在打磨后要补原子灰。补原子灰的工艺如下：

使用 ICI Autocolor P551-1059 细粒原子灰或者 P565-598 原子喷灰填补不滑及微凹的 SLA 模型表面，其使用后要用 P400 或 P800 号砂纸打磨。P083-60 白色填眼灰用来填补细砂纸纹、针眼、轻微划痕等，打磨、清洁、除油、除尘后待用。补原子灰后再进行喷塑料底漆、喷面漆、打蜡抛光等工序。

4. 树脂喷漆件常见缺陷及补救方法

（1）鱼眼、珠孔　漆层因污染易形成弹坑状凹陷，形成不同深浅、密度及大小不同的珠孔。补救方法：1）待漆层完全干燥后，用 P800 砂纸彻底打磨受影响的漆膜，重新喷涂；2）珠孔严重时，可待漆膜完全干燥后彻底打磨珠孔部分，之后用 P083-60 白色填眼灰填平，打磨后重喷重涂底漆和面漆。

（2）流泪　过厚的漆料在垂直或倾斜表面上未能附着在漆膜面上而向下垂流，称之为"流泪"。补救方法：待漆膜彻底干燥之后，以 P1500 号水砂纸磨平，再以 P971-29 号蜡水抛光。如流泪情况严重，待漆膜彻底干固后，用 P800 号砂纸彻底湿磨后重喷。

（3）起皱　成因是没有完全干燥的新喷涂干漆膜抵抗不了强烈溶剂的侵蚀，因而发生软化和膨胀。补救方法：1）如情况不太严重，待漆膜完全干燥后用砂纸打磨起皱的地方，然后重喷底漆和面漆；2）如情况严重，将漆膜铲至工件表面重新处理。

（4）划痕、砂纸痕　新喷漆面划痕显现，是由于底层使用了过粗的砂纸且底漆的填充性不够。旧漆面划痕显现，通常漆膜在不断擦抹清洗后均会产生划痕，尤其在阳光下特别明显，这些缺点有时是由于漆面硬度不够，也可能是打蜡时细蜡抛光不足，未能有效去除粗蜡痕。预防及补救方法：及时补救每层漆膜的缺陷，喷涂干缩后产生的缺陷必须打磨后补土重喷。旧漆面划痕建议打蜡抛光去除。

（5）龟裂　由于油漆的延展性不能适应工件本身的热膨胀而产生的，有时也可能是由于喷漆件碰撞时油漆的柔软性不够而产生局部龟裂。预防及补救方法：1）加热干燥不要设定太高的加热温度；2）在面漆中加入一定比例的柔软剂 P100-2020；3）局部龟裂可尝试用脱漆水脱漆后以 P273-901 清洁液彻底清洗后重喷。

（6）剥落　模型上的油漆附着力不良，主要原因是施工前未能有效地清除模型上的杂质，或是使用了不适当的塑料底漆，也可能是模型表面喷涂前受到污染。补救方法：以强力胶水尽量粘除漆膜，再打磨并用 P273-901 清洁液彻底清洗后重喷。

三、模型表面处理的意义

SLA 模型喷漆后可以直接得到全仿真的产品，但是 SLA 模型使用特殊材料和特殊工艺制作而成，所以 SLA 模型和产品的材料往往是不一样的，这使得原型不能完全用于性能测试，只能作外形结构检查和在实验室内使用，可进行部分性能测试。为使原型更能反映最终产品的性能，可以利用真空硅胶模复制技术，把 SLA 模型快速复制为聚氨酯（PU）材料的原型，其材料特性可根据设计要求，选用不同性能的 PU 材料来实现，因此，快速原型就能变为快速产品，突破原型的使用范围。在 SLA 模型快速复制为聚氨酯（PU）材料原型的过程中，提供完美的 SLA 模型是至关重要的，因此需对模型表面进行处理。

四、模型的后处理工艺

SLA 模型在完全成型之后，为了满足更高的需求，是需要对 SLA 模型进行后处理的，如果要求 SLA 模型达到产品级别的，那么对后处理的要求也就更高了，一般 SLA 模型都有以下后处理工艺。

（1）手工处理　将 SLA 等方式做出来的模型进行抽样打磨，装配。这个程序是把所有零件组装成一个成品。

（2）喷油　将已经做出来的 SLA 模型按照要求，在无尘油房的环境下喷上颜色，使 SLA 模型更加生动、鲜艳，增加 SLA 模型的真实感。

（3）丝印　在已经做好的 SLA 模型的平面上印字或图案。

（4）移印　在 SLA 模型不平的面上印字或图案。此工艺制作，需在丝印的基础上多做一块钢板。

（5）镭雕　用激光打掉模型表面的油漆，使部分位置透光。比如：手机按键、车载 DVD 按键、镜片等。

（6）电镀　为了使模型部分细节更醒目，涂上一层烙银的产品色。电镀前的模型必须非常光滑，不能有任何杂质痕迹，电镀后浸泡在化学药水中。此过程操作分为水渡和真空渡。

（7）过 UV　在模型的表面上喷上一层透明油，用紫外光烤干，使模型更亮，更不容易花，就像一层保护层。

（8）浮雕　在平面上手工雕一些花纹或人物、动物、植物等效果，称之为浮雕。

（9）喷砂　利用高速砂流的冲击作用清理和粗化模型基本表面，使 SLA 模型看上去更高级。

项目五 工匠戒指的金属3D打印

任务1 了解 YLMs-300 选区激光熔化（SLM）成型设备

任务描述

本任务将结合其原理知识，详细介绍 YLMs-300 选区激光熔化（SLM）成型设备的工作原理、机械结构、控制系统、金属耗材等。

任务实施

一、YLMs-300 选区激光熔化（SLM）成型设备简介

1. 设备介绍

YLMs-300 是江苏永年激光成形技术有限公司自主研发，拥有多项发明专利的选区激光熔化成型（SLM）设备，能够全自动化完成高端复杂金属结构成型，主要适用于国内各高校的教学和科研需求，外观如图 2-5-1 所示。

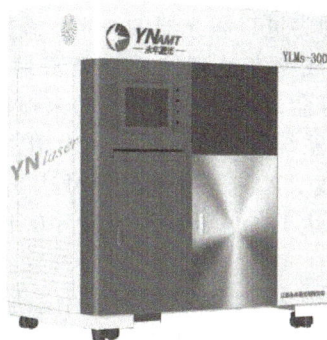

图 2-5-1　YLMs-300 外观

2. 性能参数（表 2-5-1）

表 2-5-1　YLMs-300 选区激光熔化（SLM）成型设备性能参数

项目	参数
设备型号	YLMs-300
成型空间	水平方向:φ300mm,高度方向:300mm
最小光斑尺寸	70μm
激光功率	500W、单模光纤激光,功率波动长期-4%~4%
激光波长	1060~1070nm

（续）

项目	参数
扫描振镜	进口高速扫描振镜、采用 F-theta 透镜、 封闭光学系统、最高扫描速度 7m/s
铺粉机构	单向定量送粉铺粉
成型室气氛控制	氧含量低于 100ppm
惰性气体消耗量	≤4L/min
最小成型壁厚	100μm
最小分层厚度	20μm
成型精度	±0.1mm/100mm
成型零件表面粗糙度	$Ra3.2μm$
成型零件致密度	>98%
可用成型材料	不锈钢、铁镍合金、钴铬合金、钛合金等多种材料
工艺参数	开放式，为用户研究新材料成型工艺提供便捷
设备功耗	约 7kW，220V 市电供电标准
外形尺寸	1800mm×1200mm×1900mm（长宽高），重量 1t
软件	成型控制软件 Zflash（永年激光自主开发） 切片软件 Magics RP+AutoFab（比利时 Materialise 公司）

3. 设备特点

1）采用国产单模光纤激光器，波长 1.06~1.08μm，达到国际水平；激光光束质量 M^2 < 1.3，接近 1.2，今后目标达到 1.1，接近国际水平；激光输出功率稳定性为功率波动 < 3%（5hr）。从激光器的性能参数来对比，选用的激光器与 EOS（德国一家金属 3D 技术供应商）所配的激光器性能一致，但成本约为进口激光器的一半，经济性优势非常明显。

2）工作缸采用圆柱形设计，成型室达到液压缸级密封效果，可以有效防止金属粉末渗漏，提高了升降运动系统的使用寿命，同时也减少了粉末损耗和污染。

3）成型室主体和工作缸升降系统采用一体成形，由精密数控加工中心保证行位精度，大大提高了成型 Z 向精度和铺粉精度，Z 向分辨率最低可达 5μm，提高了制件精度，铺粉厚度最小可到 10μm，铺粉控制分辨率达 1μm，铺粉不平度 ≤0.1μm（根据导轨误差估算），均为世界水平。

4）采用隔离气氛下的密封送粉装置，在成型过程中添加的金属粉末不会混入氧气，含氧量可控制在 50ppm 以内，达到世界水平，适用于成型一些活性强的金属材料。

5）采用可控的定量送粉机构，代替了传统的双缸送粉方式，可通过参数实时调整送粉量，大大提高材料利用率。

6）独特的可更换式刮板设计，刮板由软硬两种材料复合而成，接触粉末材料的软性材料易于更换，既能保护工件免受破坏，又可以有效地保证刮平质量。

7）开放式的工艺参数接口，用户可根据材料种类自行设定激光功率、扫描速度、扫描方式、延迟时间、送粉量等多项工艺参数，为用户研究新型材料成型工艺提供了便捷。

8）成型控制软件与模型数据处理软件分开，设备控制计算机上只需要安装成型控制软件，成型控制软件支持 .cli 等常用的层片数据格式文件，同时也支持 Magicrp 等专业数据处理软件的分层数据格式，用户选择自由度更大。

9）基本堆积精度——BAA（Basic Accumulation Accuracy）为激光金属熔化工艺中，金属

熔滴堆积的垂直面的粗糙度，它综合反映了激光金属熔化，增长成型精度的基础水平。

二、YLMs-300 机械运动结构介绍

1. 应用液压缸式的运动副和密封技术来设计成型缸结构

选区激光熔化成型设备在成型缸结构设计上通常采用方形结构，但是方形结构的缸体在拐角处存在密封不好的缺点，会导致成型缸中的金属粉末渗漏到运动机构中，时间长久后会造成运动机构损坏，同时也影响垂直升降系统的定位精度。在解决这一问题时，创新性地应用液压缸的运动副和密封技术，将成型缸设计成圆柱形，再通过精密的密封技术就可以完全杜绝金属粉末渗漏，从而使成型缸的垂直升降系统的密封性和运动精度都得到了大幅度提高。目前，YLMs-300 设备的垂直运动机构定位精度可以达到 ±5μm，而且使用寿命远远大于普通的方形结构。

2. 通过 CAD/CAE 的优化设计技术进行"精度关联多系统"的一体化设计

选区激光熔化成型（SLM）设备成型原理如图 2-5-2 所示，选区激光熔化成型设备机械传动原理如图 2-5-3 所示。最为重要的两个运动系统就是成型缸的垂直升降系统和刮粉机构的水平运动系统，这两者的运动基准间的相对精度会直接影响到铺粉厚度的精度和一致性，同时，成型缸的垂直升降系统又与光学扫描系统的基准密切相关，有鉴于此，在设备设计过程中提出并采用了"精度关联多系统"的一体化设计，即将上述三个运动系统基准设计在一个零部件中，通过高精度的数控加工系统来保证各基准面之间的行位精度，从而在硬件上为选区激光熔化成型设备的高精度奠定了基础。通过一体化设计，使得选区激光熔化成型的关键运动系统间的精度得到了保证，避免了因装配、运输、加工、调试或使用环境的变化而造成基准精度的损失，从而为设备加工出精密的成型件提供了有力保障。

3. 精密的双门气密设计

精密气密双门系统使得选区激光熔化成型设备的成型室密封性得到大大提高。选区激光熔化成型设备成型材料通常为金属粉末，为避免成型时产生氧化，通常要求对成型室气体中的氧含量进行控制，普通金属一般控制在 100ppm 左右，钛合金、铝镁合金等活泼金属的要求在 50ppm 以下。降低成型室氧含量的方法通常是通入惰性气体，如氮气或氩气，成型室的密封性会直接影响惰性气体的消耗量以及成型室中氧含量的控制程度。密封性不好，惰性气体消耗量会过大，同时氧含量也降不下来，直接导致某些金属无法成型或成型质量太差。通过优化设计，提出了双门气密的方案，大大提高了成型室的密封效果，采用新设计后，运行时氮气消耗量从原来的约 10L/min 降低至现在的不到 4L/min，氧含量最低值也从 150ppm 降至 50ppm，效果非常显著。

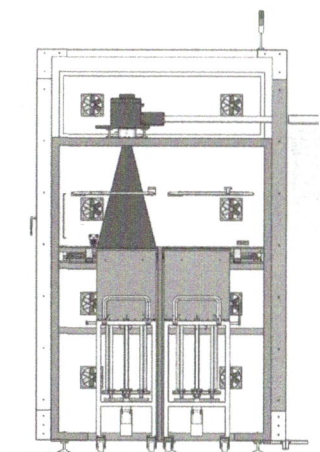

图 2-5-2 选区激光熔化
（SLM）设备成型原理

4. 采用有限元计算模拟（FEM）的方法来优化成型室保护气体的气流控制

选区激光熔化成型工艺在加工零件时，由于激光束将金属粉末熔化时会形成一定的冲击，飞溅的金属粉末和氧化物残渣如果四处乱飞，会损坏已成型零件的表面，附着在丝杠导轨上也会造成运动机构的损坏，因而必须加以控制。通过对成型室内惰性气体流向的 FEM 计算发现，通过调整气流入口的布置、抽风口的位置和压力，可以将保护气体的流向调整为层流模型，通过合理的设计可以使成型时的飞溅物完全收集进入专门的通道，避免影响加工好的零件或运动机构。如图 2-5-4 所示，可以看出优化前后的对比是非常明显的图 a 所示为优化前的

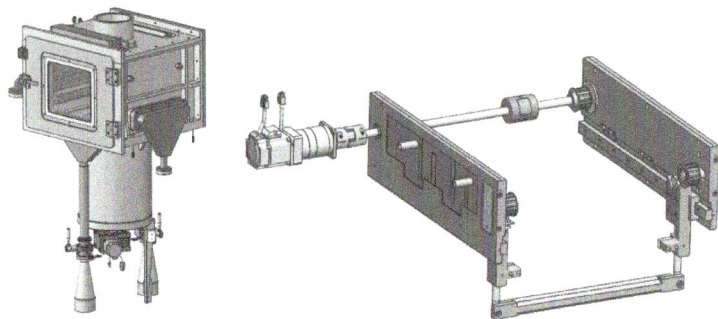

图 2-5-3　选区激光熔化（SLM）成型设备机械传动原理

紊流状态，成型室内的飞溅物在气流带动下会四处乱窜；图 b 所示为优化后的层流状态，飞溅物会完全被收集进入专用通道，过滤后进入回收系统。

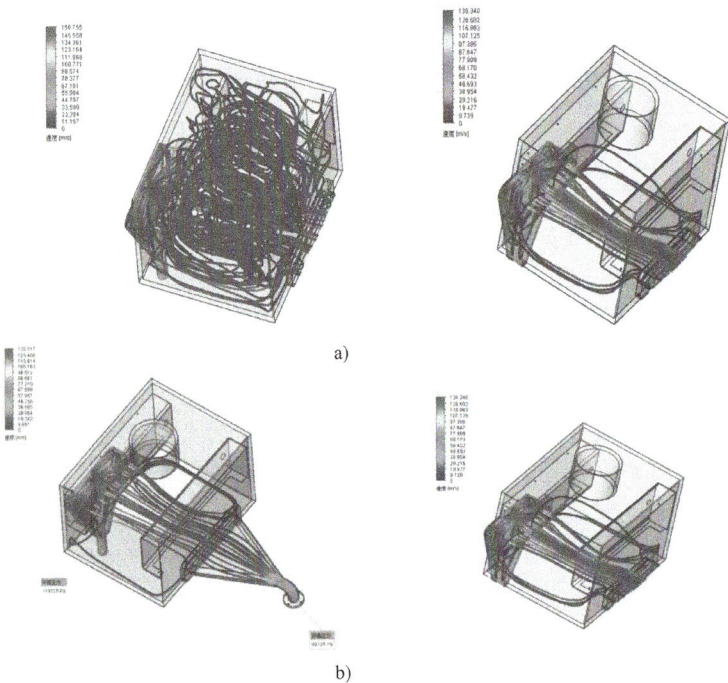

a)

b)

图 2-5-4　选区激光熔化（SLM）成型设备气流控制示意图

　　通过在设备研发过程中不断总结经验和计算分析，在结构设计、成型室气密性设计、气流控制等方面都形成了一定的理论基础，并基于数字分析的成型室优化温度场、气流场，从而优化了层流除尘、离心分离和精密长效过滤系统，提升设备性能。

三、YLMs-300 使用的安全注意事项介绍

1. 操作人员安全

1）操作设备前必须进行一定的培训，未经培训或培训不合格者严禁操作设备。

2）熟悉设备使用手册，严格按照操作规范进行操作，避免因不当操作引起不良后果。

3）禁止在打印时拆卸设备的任何组件。

4）禁止在打印时打开设备成型舱门。

5）非专业的维护人员，禁止任何形式的检修或调试激光系统和控制系统。

6）禁止在建造过程中进入任何张贴了警示符号的区域。

7）操作人员须佩戴防护眼镜、防尘面罩，穿防护服。

8）了解设备安全标识含义（表2-5-2）。

表2-5-2　YLMs-300设备安全标识及其含义

安全标识	标识含义
	当心触电 位于电控柜门内侧的标识
	当心激光 位于成型舱门和激光器侧面的标识，可能存在不可见激光，当心对人体造成伤害
	当心高温 位于成型舱内部的标识，基板加热时会产生热量，在未冷却之前避免碰触
	当心夹伤 位于成型舱门的标识

2. 激光安全

该设备采用500W连续光纤激光器，波长为1.08μm。非激光行业专业人员禁止维修激光系统。专业维修人员在维修激光系统过程中应遵循以下原则：

1）保证维修区域无人员随意走动，须提供警示符号或其他安全预防措施。

2）操作之前需把设备的防护门关好，防止激光反射出腔体。

3）所有在场的人员必须戴防护眼镜，防护眼镜不能透过1.08μm波长的光。

4）任何情况下，眼睛绝对不能直视激光。

5）禁止在开启激光时，在张贴了"当心激光"标志的区域随意走动。

3. 粉末安全

可使用经过设备方认证的粉末材料或者第三方提供的金属粉末，如果选择第三方提供的材料，用户必须自行进行必要的材料验证试验。粉末的颗粒尺寸在15~63μm之间。进行粉末的相关操作中要遵循以下原则：

1）确保车间通风良好。

2）不得让金属粉末形成尘云。

3）在粉末附近禁止吸烟或点燃任何材料。

4）在配粉、筛粉和装粉过程中，应佩戴适合粉尘密度的防粉尘口罩和防护眼镜。

5）将易燃的液体存放到远离粉末的地方。

6）盛放粉末的容器，不用时应保持紧闭。

7）把零件从成型舱移出后，待粉末稍微冷却后再进行清理。

8）最好配备全接地的吸尘器。

4. 气体安全

该设备打印时需要对工作腔体充氮气或氩气，在打印过程中，设备工作腔内的氮气或氩气含量高于室内空气含量，要注意防止氮气或氩气大量流入室内空气中，导致室内氧气含量过低，对人体造成伤害。因此，在操作过程中，要注意以下几点：

1）放置设备的房间要保持良好的通风。

2）工作过程中要随时关注氧气浓度，建议在室内安装氧气浓度监测仪。

5. 电气安全

1）只有专业的维护人员才能打开电器柜进行维护工作。

2）注意高压电警告标志，防止电击。

3）电线线路有任何改动时，应确保设备可靠接地。

4）遵循任何用电设备的使用常识和一般的安全措施。

6. 环境安全

1）放置设备的车间要通风，保证室内的氧气浓度不能太低。

2）室内的温差不能变化太大，最好是在恒温（25℃）的情况下工作。

7. 高温安全

1）高温安全在选择基板加热时要格外注意。

2）操作者在操作前必须熟悉存在高温的区域，防止烫伤。

3）打印完成后不能立即打开防护门，要等到温度冷却到室温才能打开。

4）必须等温度冷却到80℃以下才能将工件从成型舱中取出，在取工件的过程中，应佩戴手套。

任务 2　掌握 YLMs-300 选区激光熔化成型设备的基本操作与维护

任务描述

以熟练掌握 YLMs-300 选区激光熔化成型设备的操作与使用为目的，本任务主要介绍 YLMs-300 的开关机及注意事项、打印前准备工作、上机步骤及具体操作流程、下机操作和结束打印流程，同时包括激光器和冷水机的使用维护与调整、氮气发生器和空气过滤系统的使用维护与调整、金属粉末和其他耗材的操作和更换以及其他设备项目的维护与保养操作等内容。

任务实施

一、YLMs-300 选区激光熔化成型设备概述

1. YLMs-300 设备前部

YLMs-300 选区激光熔化成型设备前部如图 2-5-5 所示。

1）在操作设备过程中，随时按下急停按钮都会停止打印进程，设备组件和激光器将不能进行任何动作，将主电源开关和激光器开关复位后重新开启设备即可。

2）将主电源开关顺时针旋转至"ON"则可以为设备通电。

2. YLMs-300 设备后部

YLMs-300 选区激光熔化成型设备后部如图 2-5-6 所示。

YLMs-300 设备温度测试显示仪和氧气含量

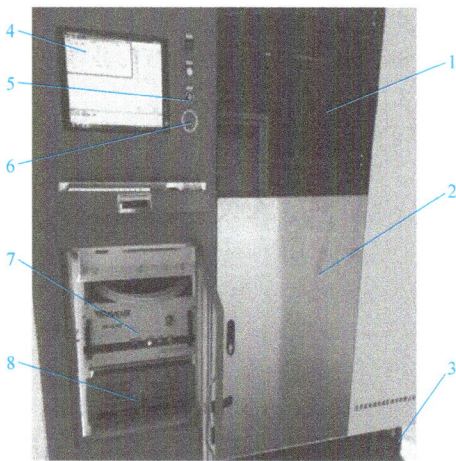

图 2-5-5　设备前部
1—观察窗　2—成型舱下部　3—调节支脚　4—计算机显示屏　5—主电源开关　6—急停按钮　7—激光器　8—计算机主机

测试仪如图2-5-7所示。

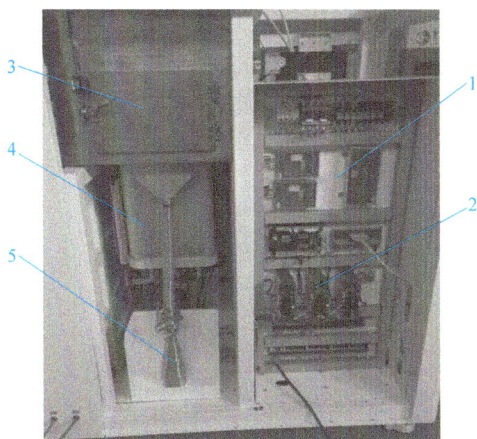

图2-5-6　设备后部

1—接线板　2—伺服电机驱动器　3—成型舱后门　4—送粉平台活动缸　5—粉末回收瓶

3. YLMs-300 设备右侧

YLMs-300 选区激光熔化成型设备右侧如图2-5-8所示。

a) 温度测试显示仪

b) 氧含量测试仪

图2-5-7　设备检测仪表

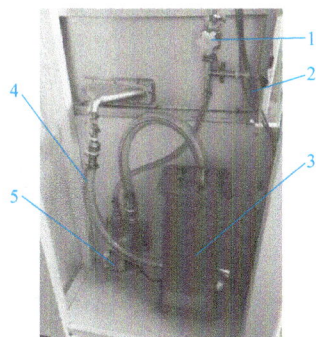

图2-5-8　设备右侧

1—旋钮调节开关　2—冷水机水管　3—过滤器　4—通气管　5—风机

4. 冷却设备

YLMs-300 设备的冷却设备为冷水机，如图2-5-9所示。冷水机为激光器和设备自身保持稳定温度，开关位于设备前侧。

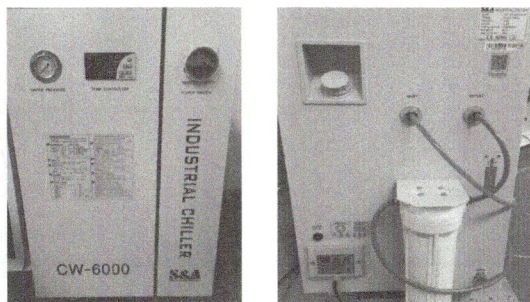

图2-5-9　冷水机

二、YLMs-300 选区激光熔化成型设备的开关机和打印准备操作

（一）YLMs-300 设备的开关机

设备开机时，打开主电源开关（图 2-5-10），打开冷水机电源开关（图 2-5-11），同时打开激光器开关（图 2-5-12）（开关旋钮逆时针旋转至 REM 位置）。关机时，依次将激光器、冷水机电源和设备主电源开关旋至关闭状态。

图 2-5-10　主电源开关　　　　图 2-5-11　冷水机电源开关　　　　图 2-5-12　激光器开关

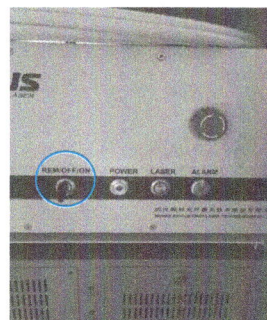

（二）YLMs-300 设备的打印准备操作

1）如图 2-5-13 所示，用毛刷、吸尘器清理成型舱内粉尘，用无尘布擦拭成型舱内壁及舱门。每次打印模型前清理一次。

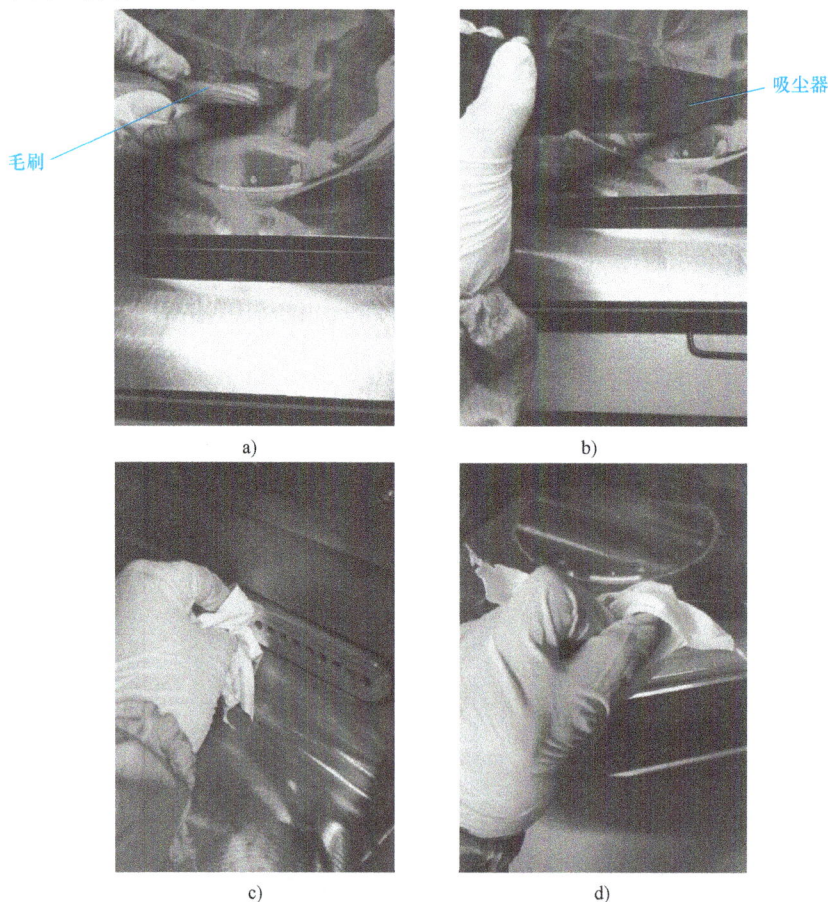

a)

b)

c)

d)

图 2-5-13　清理成型舱及舱门

2）如图 2-5-14 所示，用无尘布蘸取无水乙醇擦拭激光窗口保护镜，每次打印模型前清理一次。

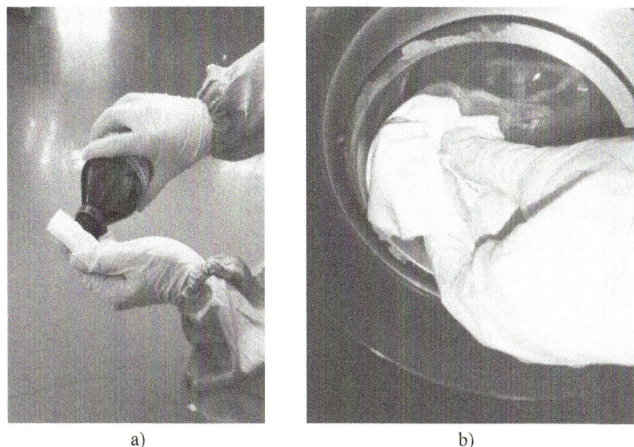

a) b)

图 2-5-14 清洁激光窗口保护镜

3）如图 2-5-15 所示，用鼓风球清理螺纹孔内粉末，安装适用于加工粉末材料的基板，用无尘布蘸取无水乙醇擦拭基板，确保表面干燥，最后安装基板。

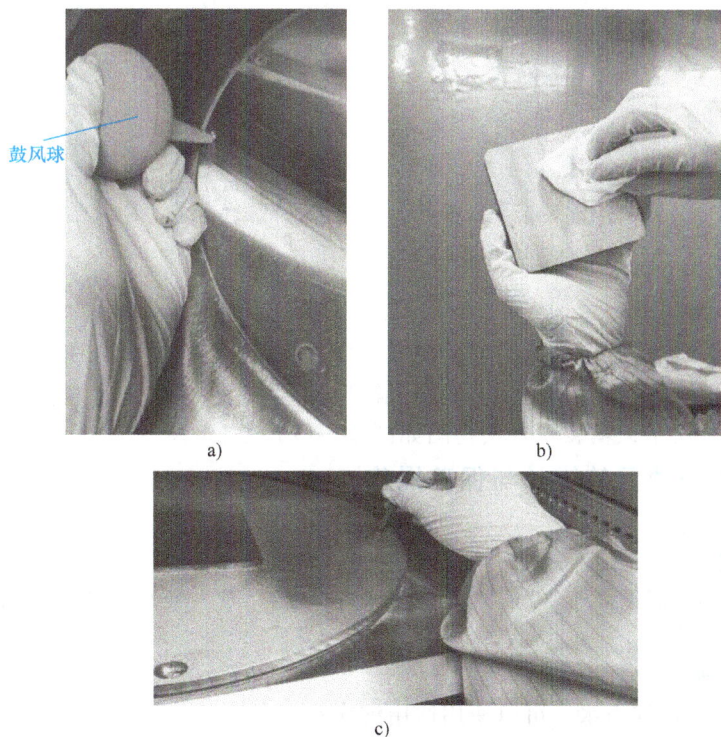

鼓风球

a) b)

c)

图 2-5-15 清洁及安装基板

4）如图 2-5-16 所示，安装刮板内橡胶刮条，确保刮条两端留出半圆间隙，同时保证橡胶刮条均匀受力且平整，最后将刮板安装到机器上。

5）如图 2-5-17 所示，安装前后粉末回收瓶，安装好之后确保瓶口连接阀门处于开启状态。

a)   b)   c)

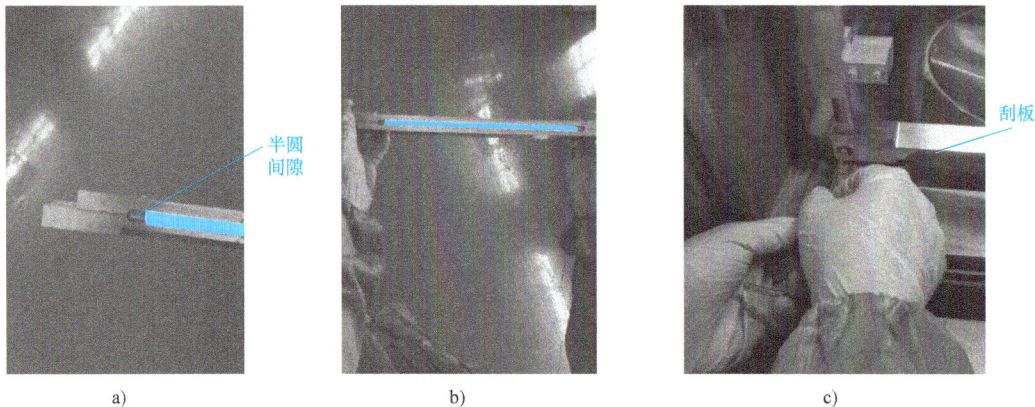

图 2-5-16 安装刮条、刮板

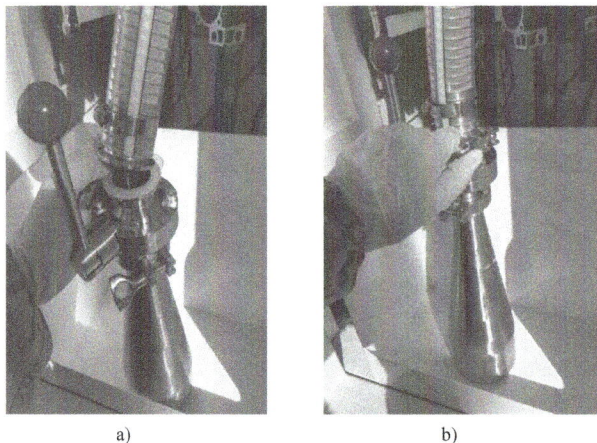

a)   b)

图 2-5-17 安装前后粉末回收瓶

6）填装粉末。先计算送粉缸需要的深度，计算公式为：深度＝分层层数×分层厚度×铺粉系数+20mm。通过软件控制送粉缸下降到计算所得的深度，然后把送粉缸填满粉末。软件控制界面如图 2-5-18 所示，填装粉末实物图如图 2-5-19 所示。

三、其他设备项目的维护与保养操作

（一）冷水机操作

1. 水温设定

夏季（周围环境温度高于 30℃）水温设定为 29±0.5℃，冬季（周围环境温度低于 30℃）水温设定为 25±0.5℃。

2. 冷却液要求

1）冷却水需采用纯净水，可以使用饮用纯净水。

2）为防止冷却水中霉菌生长导致管路堵塞，建议在加注纯净水时添加乙醇，乙醇的体积比不小于 10%。

3）当设备周围环境温度处于-10~0℃时，必须使用体积比不小于 30% 的乙醇溶液，并且每两个月更换一次。

4）当设备周围环境温度低于-10℃时，必须使用双制（同时带有制热功能）的冷水机，并且保证冷却系统不间断运行。

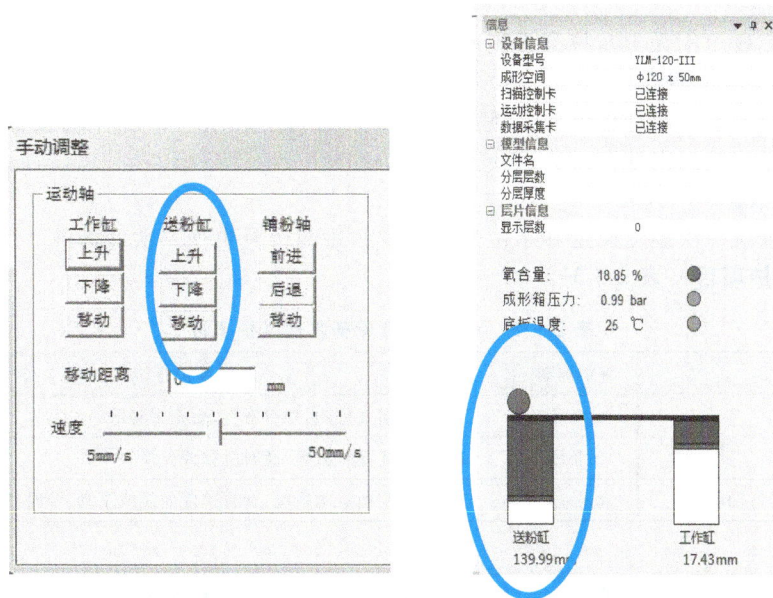

图 2-5-18　软件控制界面

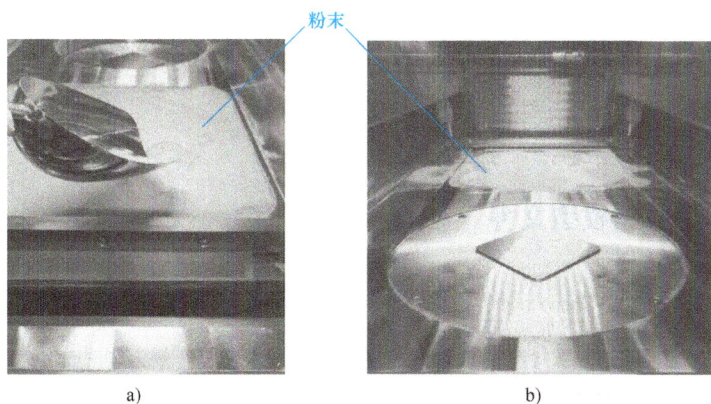

粉末

a)　　　　　　　　　　b)

图 2-5-19　填装粉末

3. 水位要求

冷却液位置要达到水槽内指定水位。

（二）基板加热

1）基板加热要根据所选的粉末材料确定。如果需要加热，在软件"手动调整"界面打开加热即可，建议加热参数为：钢无需加热、钴铬合金加热至120℃、钛合金加热至170℃。

2）加热必须在调整好 Z 轴高度以后进行，模型打印完成后关闭加热即可。

（三）维护和保养

1. 激光窗口保护镜维护

激光窗口保护镜上附着灰尘会造成激光衰减，要经常清洁，每次打印前清洁一次。

2. 滤芯保养

拆开过滤器取出滤芯，替换成新的滤芯，要常备新滤芯，建议每工作10天更换一次滤芯。

3. 刮板清洁

每次打印完成后用无尘布将刮板表面及螺纹孔擦拭干净，可蘸取无水乙醇擦拭。

4. 成型舱及限位清洁

每次打印模型前，清理舱内尤其是限位上多余的粉尘和灰尘，舱体底板平面和侧壁要用无尘布擦拭干净。舱门内壁和窗户也要擦拭干净。

5. 冷水机维护

每半个月确认一次温度设定和水位是否正常，每两个月更换一次冷却液。

6. 其他维护项目（表 2-5-3）

表 2-5-3　YLMs-300 设备其他维护项目

维护项目	维护周期	维护方法
成型舱密封性	6 个月	可向舱内通气检测，如有漏气，更换密封圈
设备电机	3 个月	如有异响或异常振动，及时维修或更换
刮粉机构旋转密封轴承	6 个月	经常观察刮板运动情况，如果速度变缓或不动，及时检查轴承

任务 3　工匠戒指的软件编辑操作

任务描述

本任务要求掌握分层软件 AutoFab 基础操作，用 AutoFab 预处理工匠戒指文件模型，进行切片分层处理。

任务实施

一、导入工匠戒指模型文件

1）双击图标 ，打开 AutoFab 软件，如图 2-5-20 所示，首页如图 2-5-21 所示。

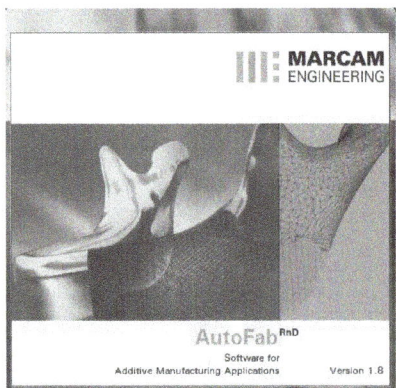

图 2-5-20　AutoFab 软件

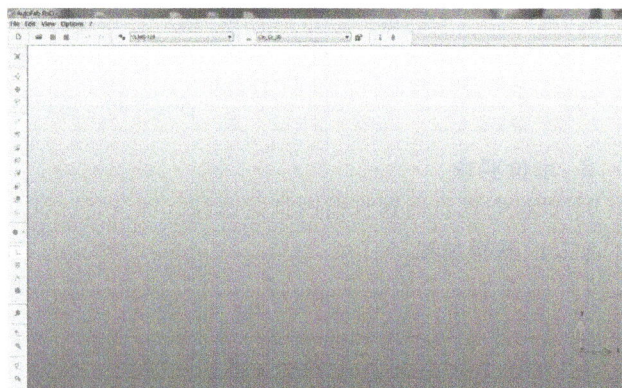

图 2-5-21　AutoFab 首页

2）选择 "File"→"Open"，如图 2-5-22 所示；在弹出的对话框中选择并打开 Jiang-SRing. STL 文件，如图 2-5-23 所示。

3）在 AutoFab 软件中打开模型，如图 2-5-24 所示。

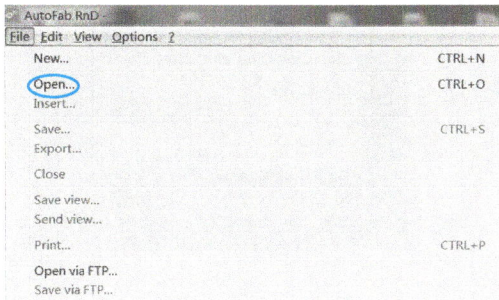

图 2-5-22　文件打开

图 2-5-23　选择并打开目标文件

二、编辑工匠戒指模型

1. 检查并修复模型格式错误

如图 2-5-25 所示，在"Geometry"选项卡中，单击"Auto repair"按钮，进入"Auto repair"界面，单击界面下方的"Update"按钮，模型开始自我检查。稍后，会显示模型存在不同类型的错误，选择"Repair"面板中的"Advanced"选项，单击"Start"按钮，模型开始自我修复，待模型修复完成后，进入下一个环节。

图 2-5-24　AutoFab 打开模型界面

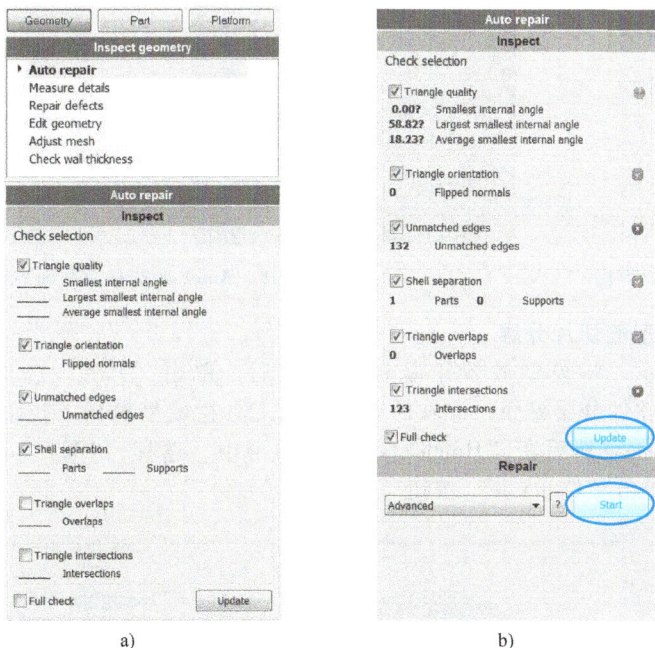

a)

b)

图 2-5-25　AutoFab 修复界面

2. 修改模型读取类型

如图 2-5-26 所示，在"Geometry"选项卡中，单击"Repair defects"按钮，进入模型读取修复界面。右击"JiangSRing"节点，选择"Change object type"选项，在弹出的对话框中修改"Object type"选项为"Part"。

a)　　　　　　　　　b)　　　　　　　　　c)

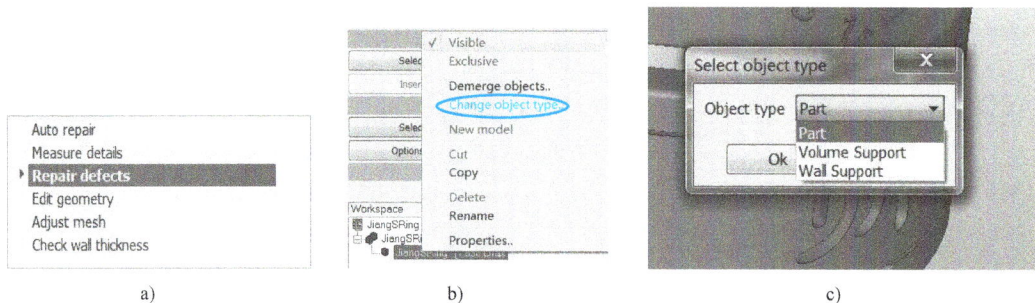

图 2-5-26　AutoFab 模型读取类型修改界面

3. 移动模型位置至基板

已经完成了模型的导入、修复和正确读取，下一步需要将模型安排到一个合适的位置。

如图 2-5-27 所示，单击"Part"选项卡，选择"Orientate part"选项，单击"Bottom plane"按钮，鼠标指针转变为十字；选择模型紧贴基板的平面为底平面，单击并选择底平面；单击"To platform Z"按钮，将模型放置到基板表面，如图 2-5-28 所示。

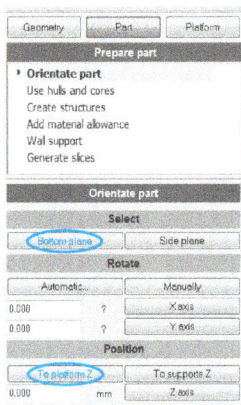

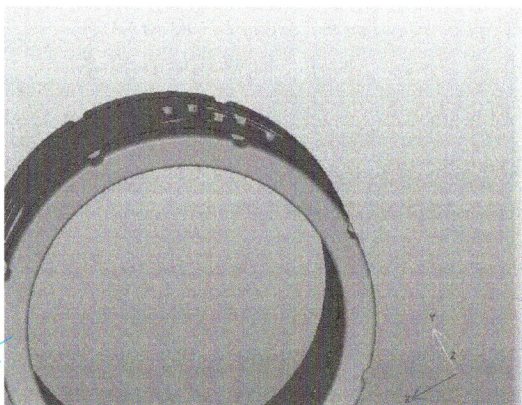

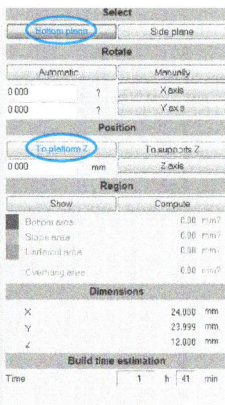

图 2-5-27　AutoFab 摆放界面　　　　　　图 2-5-28　AutoFab 选择底平面界面

4. 工匠戒指模型的切片分层

如图 2-5-29 所示，将模型放置于基板表面之后，单击"Part"选项卡中的"Generate slices"按钮，进入软件分层界面，在软件界面上端工具栏成型材料下拉菜单中选择要成型的材料，如 316L 不锈钢。然后在"Hatch style"选项卡中，选择"1021 spi"不锈钢材料工艺包，确定参数后，单击"Generate"按钮。

a)

图 2-5-29　AutoFab 切片分层界面

b)

c)

图 2-5-29　AutoFab 切片分层界面（续）

工匠戒指模型分层结束后，要注意及时保存文件。选择"File"→"Save"，在弹出的对话框中保存 Fab 文件，如图 2-5-30 所示。

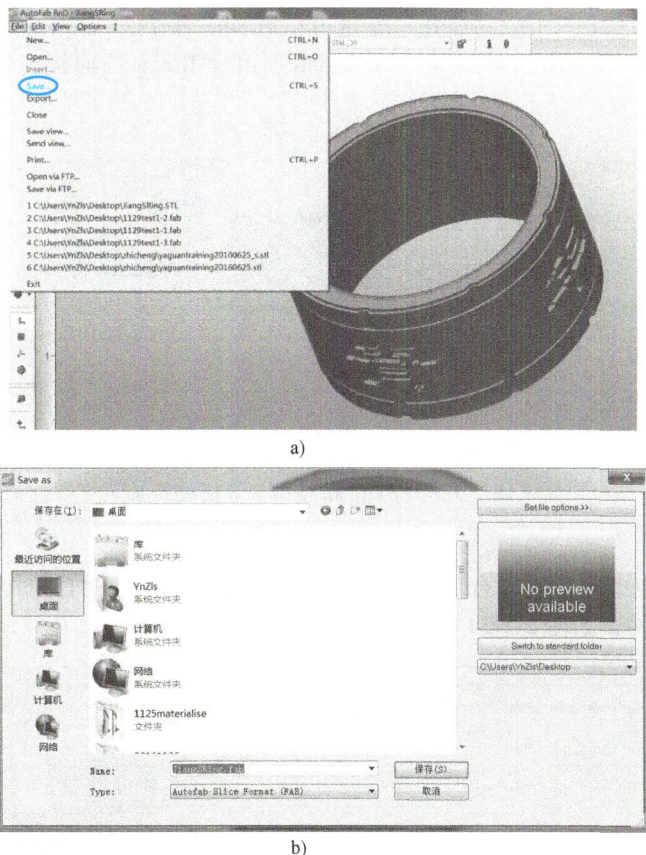

a)

b)

图 2-5-30　AutoFab 切片保存界面

5. 工匠戒指在加工平台上的摆放

在保存好工匠戒指 Fab 分层模型文件之后，在软件界面上端工具栏加工平台下拉菜单中选择合适的加工平台，如图 2-5-31 所示。

点击"Platform"选项卡，弹出"Decision"对话框，询问是否把所选分层模型导入机器平台中，单击"Insert"导入模型，如图 2-5-32 所示。

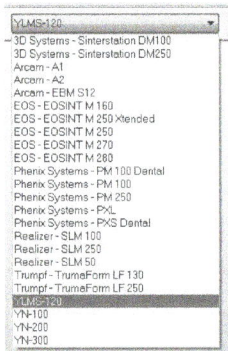

图 2-5-31　AutoFab 加工平台选择　　　　　　图 2-5-32　AutoFab 切片导入界面

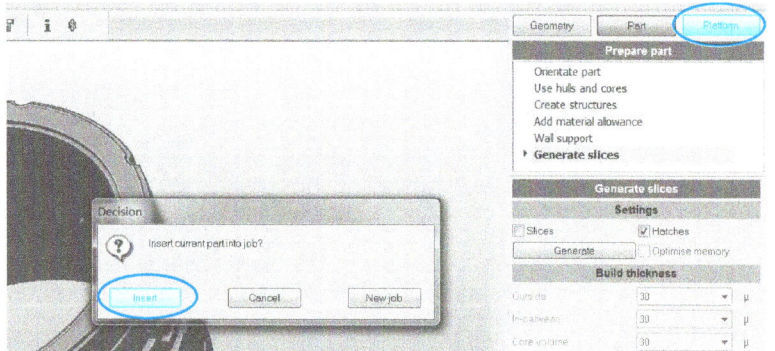

如图 2-5-33 所示，将工匠戒指切片模型导入平台后，模型已经被默认放置于平台的正中央，如果模型出现歪斜，可单击右侧选项栏中的"Into envelope"按钮，模型将被默认放到机器平台中心。单击选项栏中的"Insert"按钮可以在同一平台内导入其他的 Fab 模型，单击"Duplicate"按钮可以复制出相同模型，"Translate"和"Rotate"面板可以分别对模型在平台上进行平移和旋转设置。

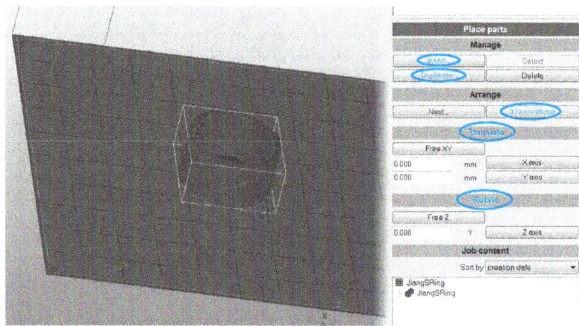

图 2-5-33　AutoFab 模型位置摆放界面

6. 文件输出

在处理好分层模型在工作平台的位置摆放后，选择"File"→"Export"，输出所需要的分层读取 AFF 格式文件，如图 2-5-34 所示。

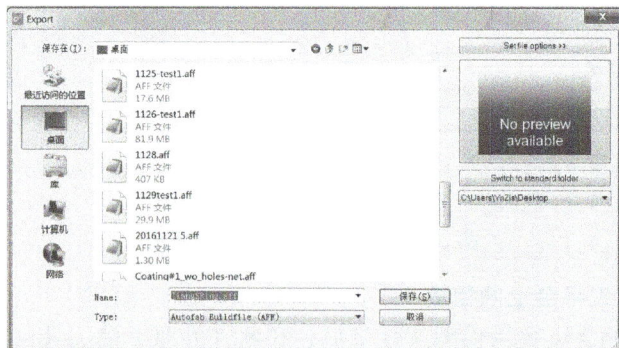

图 2-5-34　AutoFab AFF 格式保存

任务4　打印工匠戒指模型实例

任务描述

本任务要求熟练使用 YLMs-300 选区激光熔化成型设备打印工匠戒指模型，掌握配套控制软件 Z-Flash 的操作，最终正确使用打印机打印工匠戒指模型。

任务实施

一、打印工匠戒指模型

1）双击图标 ✍ 打开 Z-Flash 软件，选择"设备"→"连接设备"，如图 2-5-35 所示。当显示设备连接成功后，再单击"手动调整"进入调整对话框，如图 2-5-36 所示。

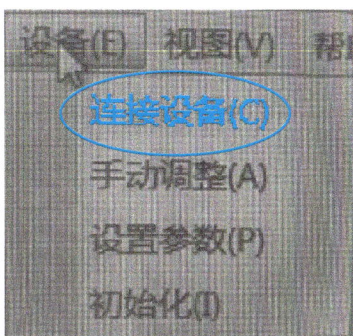

图 2-5-35　连接设备

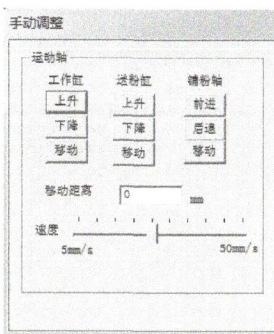

图 2-5-36　手动调整界面

2）在"运动轴"选项中，先单击"铺粉轴"选项卡中的"前进"和"后退"，使刮板回到基板中心位置，再单击"工作缸"选项卡中的"上升""下降"和"移动"，调整工作台高度，其中"移动距离"可以输入具体的正负数值，用来调整 Z 轴高度，精确到 5μm，用塞规测量，使刮板下方可放置 40μm 的塞尺，如图 2-5-37 所示。

3）调整好 Z 轴高度后，使刮板回到零点位置，铺第一层粉末，如图 2-5-38 所示，确保第一层粉末薄且均匀；如果铺粉不均匀，要重新调整 Z 轴高度并重新铺粉。

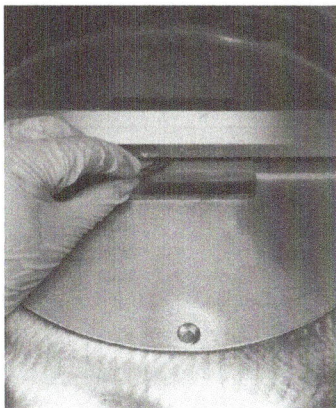

图 2-5-37　调平基板

图 2-5-38　均匀铺粉

5

PROJECT

4）载入准备建造的模型。在软件中选择"模型"→"载入模型"，在弹出的对话框中双击目标文件"JiangSRing. aff"，载入模型，如图 2-5-39 所示。

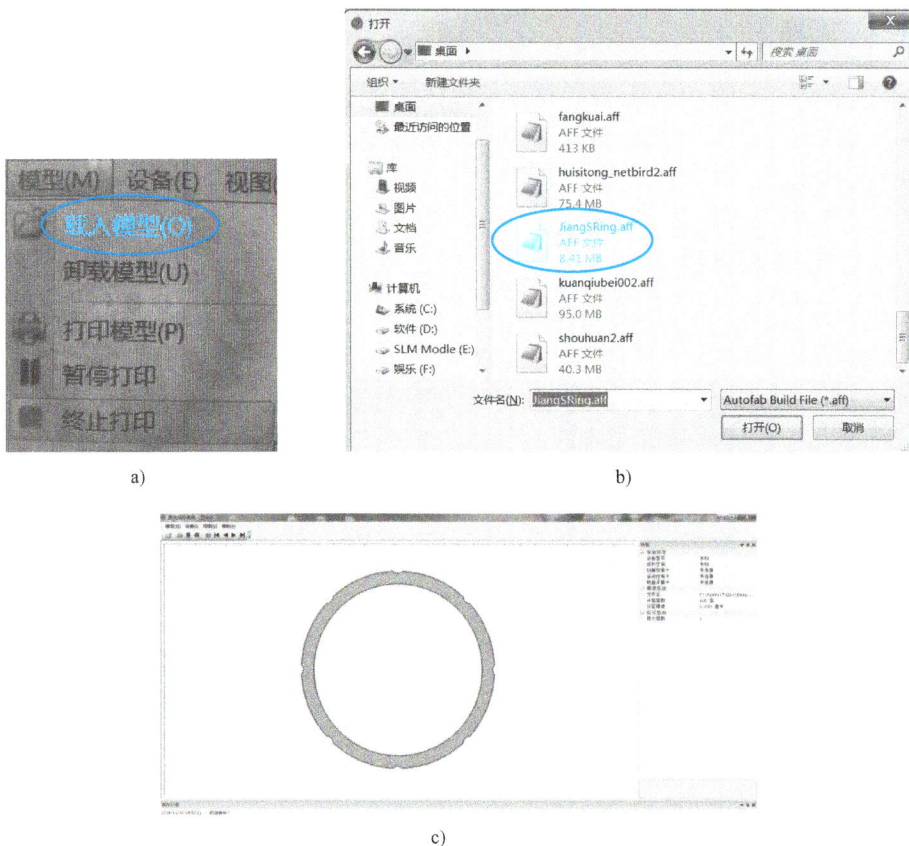

a)

b)

c)

图 2-5-39　载入模型

5）设置参数。选择"设备"→"设置参数"，根据不同的材料和设备对各项参数进行调整，然后单击"确定"按钮，如图 2-5-40 所示。

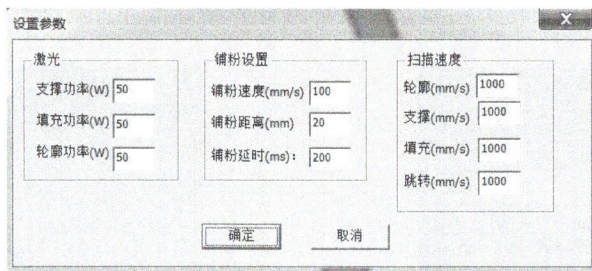

图 2-5-40　设置参数

6）打开"手动调整"，单击"开风机"，单击"温控"，如图 2-5-41 所示。打开氮气阀门，待氧含量下降至 0.3% 以下，温度达到设定值，点击开始打印按钮，模型进入打印阶段，打印界面如图 2-5-42 所示。

二、打印完成后工作

1）关闭氮气阀门。

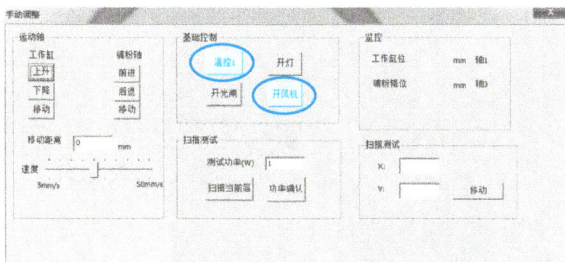

图 2-5-41　手动调整

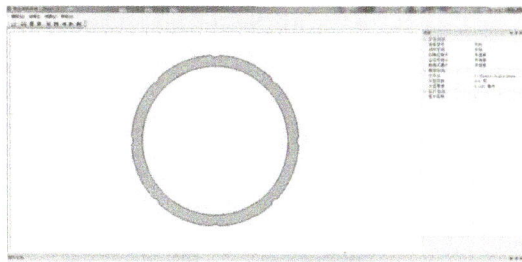

图 2-5-42　打印界面

2）打开成型舱门，清理多余粉末至前后粉末回收瓶，上升工作台至顶部位置，将工匠戒指零件与基板一起取出，如图 2-5-43 所示。

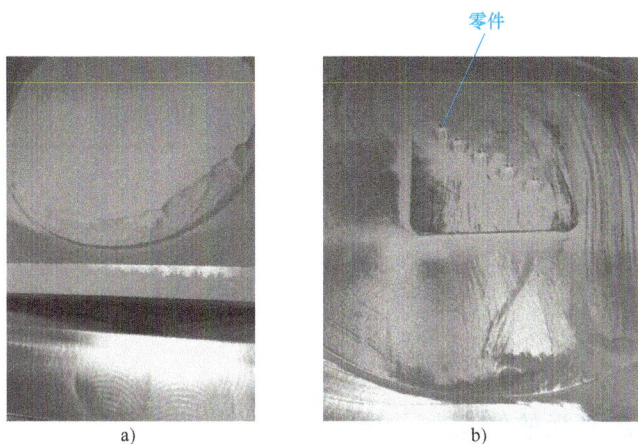

a)　　　　　　　　　　　　　　　b)

图 2-5-43　清理基板

3）取出粉末回收瓶，对回收粉末进行筛分和存储，如图 2-5-44 所示。

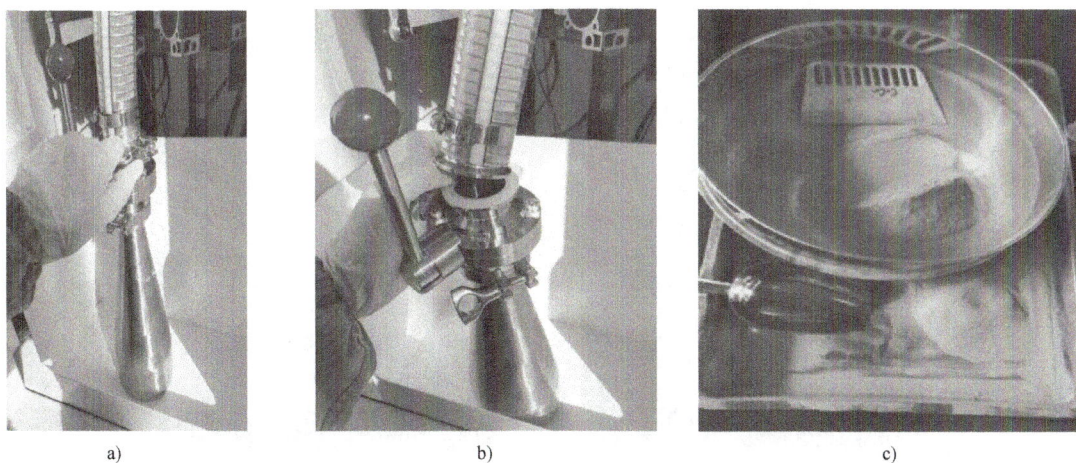

a)　　　　　　　　　　　　b)　　　　　　　　　　　　c)

图 2-5-44　粉末回收

4）拆开过滤器，取出滤芯，替换新的滤芯，如图 2-5-45 所示。

5）关闭激光器，关闭冷水机，关闭计算机主机，最后关闭设备主电源。

5

PROJECT

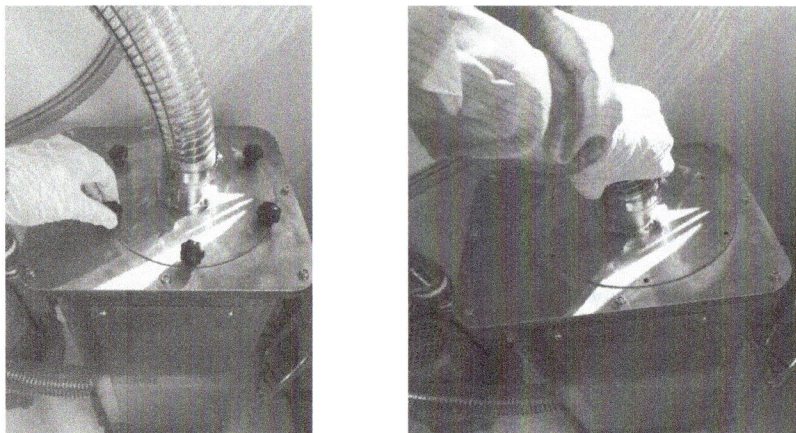

图 2-5-45   更换滤芯

任务 5   工匠戒指的后期处理

任务描述

本任务介绍对 YLMs-300 打印完成的工匠戒指零件进行线切割、热处理、打磨等一系列表面后期处理。

任务实施

一、模型与金属基板的线切割分离

使用图 2-5-46 所示线切割机对打印完取出的模型和金属基板进行线切割分离，得到独立的打印零件。

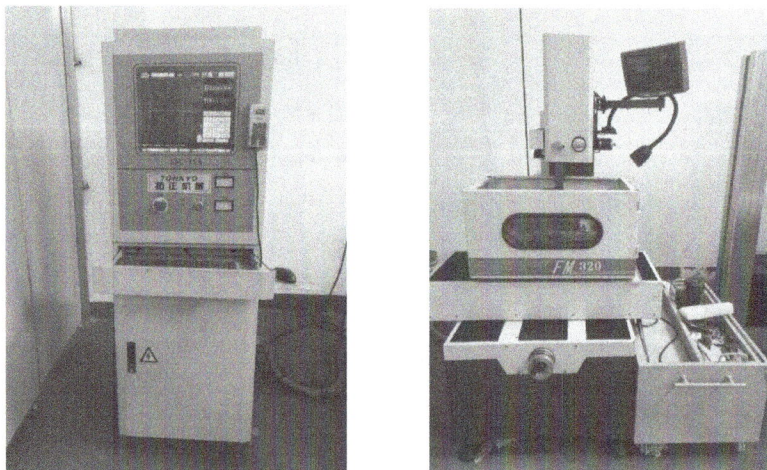

图 2-5-46   线切割机

二、金属件热处理

使用图 2-5-47 所示热处理炉对工匠戒指金属零件进行热处理。

三、手动精细打磨

最后，对热处理后的金属零件进行手动精细打磨，如图 2-5-48 所示。

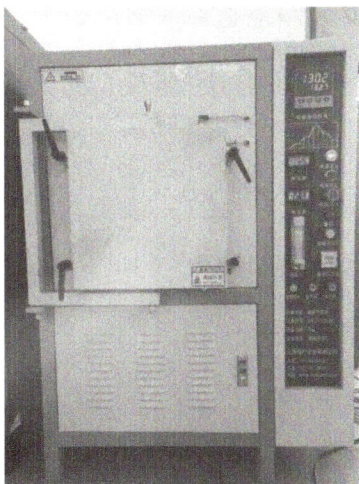

图 2-5-47 热处理炉

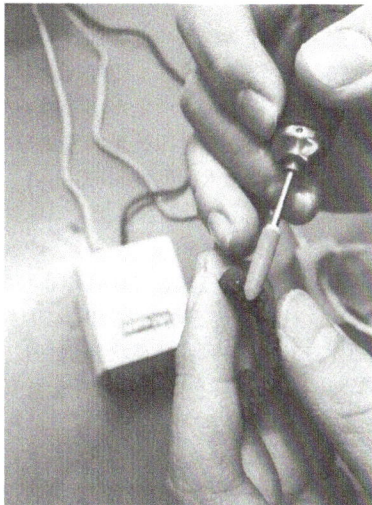

图 2-5-48 手动打磨

5

PROJECT

参 考 文 献

[1] 王雪莹. 3D打印技术与产业的发展及前景分析 [J]. 中国高新技术企业（中旬刊），2012，(9)：3-5.

[2] 陈梦仪. 3D打印技术、应用及发展趋势 [J]. 工业技术创新，2016，(3)：581-584.

[3] 房鑫卿. 3D打印技术的发展历程及应用前景 [J]. 轻工科技，2019，(5)：77-78.

[4] 江洪，康学萍. 3D打印技术的发展分析 [J]. 新材料产业，2013，(10)：30-36.

[5] 言帆. 3D打印技术的发展和应用 [J]. 科技创新与应用.

[6] 刘凤珍，刘明信，王运华，等. 3D打印技术在医学领域中的应用研究进展 [J]. 中国材料进展，2016，(5)．381-385.

[7] 余冬梅，方奥，张建斌. 3D打印：技术和应用 [J]. 金属世界，2013，(6)：6-11.

[8] 张婉冰. 硅铝基废弃物制备3D打印材料的方法和机制研究 [D]. 中国科学院大学，2021.

[9] 王灿才. 3D打印的发展现状分析 [J]. 丝网印刷，2012，(9)．37-41.

[10] 吴姚莎，陈慧挺. 3D打印材料及典型案例分析 [M]. 北京：机械工业出版社，2021.

[11] 于彦东. 3D打印技术基础教程 [M]. 北京：机械工业出版社，2018.

[12] 杨占尧，赵敬云. 增材制造与3D打印技术及应用 [M]. 北京：清华大学出版社，2017.

[13] 陈丽华. 逆向设计与3D打印 [M]. 北京：电子工业出版社，2017.

[14] 曹明元. 3D打印技术概论 [M]. 北京：机械工业出版社，2016.